13歳からの

プログラミング入門

マインクラフト

& Pythonで

やさしく学べる！

工学博士
山口由美 著

⚑ はじめに

この本を手に取ってくれた皆_{みな}さん、これから挙げる項目_{こうもく}にいくつ当てはまりますか？

① マイクラが好き/やってみたい
② 建築に興味がある
③ "プログラミングが出来る"って言えたらカッコイイけど、
　何からやればいいか分からない
④ 将来AIに仕事を取られたくない
⑤ お母さんに"ゲームばっかりしてないで勉強しなさい"と
　言われずにゲームをしたい
⑥ 新しいものを作るのはウキウキする
⑦ どうせ勉強するなら楽しい方がいい
⑧ リケジョ、リケオになりたい

３つくらい当てはまりましたか？　オッケー♪　素晴らしいです!!
実はこれらの項目_{こうもく}の１つでも当てはまるものがあれば、本書は絶対おススメです。こんなしっちゃかめっちゃかな項目_{こうもく}に共通点があるようには見えませんよね。でも読み進めながら、マインクラフトで楽しく遊んでもらえれば理由が分かってきます。

マインクラフトはゲームを楽しむ人のコミュニティによって活発にMOD_{モッド}というものが利用されています。MOD_{モッド}はゲームキャラの変更や、アイテムの追加ができるプログラムのことで、プログラミングを学ぶ環境_{かんきょう}も整っているのです。

本書は自力でプログラミングを学んでみたい中高生向けに執筆_{しっぴつ}しましたが、小学生も是非_{ぜひ}お父さんやお母さんと一緒に遊んでみてください。
お父さんが先に使いこなしてスゴ技を披露_{ひろう}すれば一躍_{いちやく}ヒーロー間違_{ちが}いなし！
しかも、遊びながら論理的思考力や創造性を育めるので、親子のコミュニケーションタイムに活用して頂けると思います。

この本を未来を切り拓く全ての若者に贈ります。

2024年4月
山口　由美

動作環境

本書籍では以下の環境で動作することを確認しています。

マインクラフト	Minecraft Java Edition (Windows)
OS	Windows 10/11
Thonny	バージョン：4.1.4
Python	バージョン：3.10
Forge	バージョン：1.12.2
Raspberry Jam Mod	バージョン：0.94
mcpi	バージョン：1.2.1

Windows PCを使うよ

本書掲載のお手本用プログラムについて

本書内では【付録〇】として面白系のボーナスコードを添付していますが、それとは別にお手本で使ったサンプルのコードも以下からダウンロードすることが可能です。もちろん自力で入力してもプログラムは動きますが、最初はダウンロードしたコードを参考にしながら使ってもOKです。

 第2章
http://idea-village.com/minecraft/
Chapter2.zip

 第3章
http://idea-village.com/minecraft/
Chapter3.zip

 第4章
http://idea-village.com/minecraft/
Chapter4.zip

 第5章
http://idea-village.com/minecraft/
Chapter5.zip

 第6章
http://idea-village.com/minecraft/
Chapter6.zip

 第7章
http://idea-village.com/minecraft/
Chapter7.zip

目次

ボーナスコードも
あるよ～

第1章 Pythonとマインクラフト 7

このグループは
似ていま～す

まずは
基礎知識♪

第2章 Pythonでマインクラフトを操作できるように準備しよう 15

遊ぶための
設定をするよ

乗せて
くださ～い

mcpi

mcpiトレイン

Pythonクラフトから
マイクラランドへ向かう方は
ご乗車くださ～い

設定したら
ゴー!!

第6章　ブロックで巨大建築をしてみよう …… 93

コマンド化で出せる！

第7章　オリジナルアートやイベントを作ろう！ …… 107

キレイ！

特別付録　ここまでできちゃう!!オリジナルコマンド化必須のスゴ技 …… 119

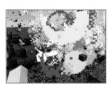

第1章
Pythonとマインクラフト

この本を読むと何がいいの？ 何が出来るようになるの？ そんな素朴な疑問をまず解消しておきましょう。本章では、プログラミング言語の中でもPythonをおススメする理由と、マインクラフトでPythonをどうやって楽しく学んでいくかについて紹介していきます。そもそもプログラミングって何よ？ Pythonって何さ?? も分かりますよ。

プログラミングを勉強するのとマイクラはなんの関係があるの?

Pythonなんて聞いたことないし

Pythonを使うとマイクラにスゴ建築が出来るんだよ!

アイテムも出せるし、オリジナルゲームなんかも作れるよ♪

え!? そうなの!?

しかも、遊んでいるうちに
実践レベルのプログラミングスキルと知識が付いちゃう!!

まぢで!? じゃあ早速やってみよう!!

なんでPython推しなの??

どうしてPythonが良いの?

★将来有望
★他言語と互換性がグッド♪
★大学受験で必須
★マイクラで遊びながら学べる からヨ♪

Pythonをおススメする理由

1 将来有望な言語だから

　人間同士の会話には日本語、英語、フランス語、、と言語の種類がたくさんありますね。**コンピュータと会話するためにも言語があり、それをプログラミング言語といいます。**小学校で使う ViscuitやScratch 、本書で扱うPythonもプログラミング言語の1つです。

　中でもPythonをおススメする理由は将来性のある大注目の言語だからです。YouTube もInstagram もPythonを使って開発されました。
　それだけではありません、AIの開発やデータサイエンス(情報科学)など発展中の分野でPythonは引っ張りだこなのです。

2 他の言語と相性が良いから

このグループは似ていま〜す

　皆さんが外国語を使うときの方法はざっくり「使いたい言語を勉強する」か「翻訳を利用する」のどちらかですよね。
　プログラミング言語も同じなのですが、Pythonはどちらもしやすいのでおススメなんです。**Pythonと似たようなプログラミング言語が多いので他言語も勉強しやすいです。**また、Pythonのコードを他言語にするツールを使っても比較的スムーズに変換することができます。

3　大学受験で避けて通れないから

2025年から大学入学共通テストの科目に「情報Ⅰ」が加わります。情報Ⅰの教科書の中で扱うプログラミング言語は主に右のようなものです。この中でScratchは「ビジュアルプログラミング言語」になります。他の3つは「テキストプログラミング言語」になります。Pythonを始め、テキストプログラミング言語は重要になりそうですね。

> 1，Python
> 2，VBA
> 3，Scratch
> 4，Java Script

フレー！
フレー！
受験生！

新しい教科も
頑張るぞ！

4　マインクラフトで遊びながら学べる! イメージ通りのゲームやアプリが作れるから

Pythonはゲームやアプリとも相性が良いので、マインクラフトを使って遊びながら学ぶことができちゃいます。もちろんオリジナルのゲームやアプリを作ることも可能です♪

ビジュアルプログラミング言語は覚えやすい一方でアレンジしづらい一面もあります。Pythonはちょいむず、でも学びやすさと使い道の広さのバランスがとても良いことで定評があるんですよ。

マイクラで
極めるぞ～い！

僕は新しい
ゲーム作って
みようっと

プログラミングを学びながら スゴ技ゲット

スゴ技ってどんなやつ?

★一発で大型ビーコン設置
★巨大なネザーの入口出現
★一瞬でタワマン建設
★浮かぶピクセルアート

まだまだ♪コレはほんの一部よ!

こんなスゴ技が使える!

Pythonを使ってマインクラフトを操作すると、ゲーム内ではできないスゴ技を繰り出せます。マインクラフト内で整地をして、ブロックを1つづつ建築するのは大変ですが、プログラミングを利用すれば一部を修正するのも、そっくり同じ建物を建てるのも朝飯前。オリジナル

コマンドとして活用可能になります。

でも、ゲームで遊ぶだけではありません。思った通りに建築するには少しコツが要るので、工夫しているうちにプログラミングの基礎が自然と身についてしまいます。

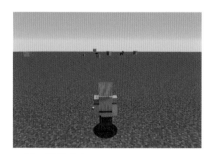

一発で整地をして

一発でビーコンを出現させる

巨大ネザーの入口を出現させる

わー!スゴイ!

コマンド1つでタワマンを建築したり

アレンジで豪華別荘にも

こんなに楽しくプログラミングも勉強できちゃうなんて一石二鳥!

巨大ピクセルアートを宙に浮かべる

Pythonってこんな言語

Pythonは「テキストプログラミング言語」の1つだよ
★文字を打ち込んでプログラミングをする
★本格的なのに初心者向き!
★C言語がもとになって生まれた
って特徴があるよ

ViscuitやScratchは
「ビジュアルプログラミング言語」なんだね〜

Pythonと他言語の関係性

プログラミング言語にはPythonよりも昔から使われている有名なC言語というものがあります。このC言語の影響を受けて新しい言語が次々と生まれました。

イメージとしてはプログラミングワールドのとある国でC言語が生まれて、そこから周りの地域でJava、JavaScript、Python、、、といった方言が生まれたようなイメージです。そのため、これらの言語は共通点がたくさんあります。

一方で、ビジュアルプログラミング言語はテキスト王国の人が海を渡って新しい国を作ったイメージで、だいぶ異なる言語として生まれました。

テキスト言語王国　　　　　　　　　　**ビジュアル言語諸国**

テキスト王国の言葉同士は似ているけど、ビジュアル諸国の言語は結構違うんだ〜

Python地方

首都C言語

Java地方

Scratch諸島

Viscuit島

"ビジュアル"と"テキスト"それぞれのプログラミング言語

ビジュアルプログラミング言語　絵やブロックを組み合わせてプログラムを組む

Viscuit

メガネのような枠の中に絵を入れる
手書きの絵を動かせる

Scratch

カラフルなブロックを組み合わせる
アニメやゲームが作れる

テキストプログラミング言語　英語、数字、記号などを入力してプログラムを組む

どの言語も似たような文字
だらけの画面なんだね～

C言語

```
hello.c
その他のファイル
1
2    #include <stdio.h>
3
4  int  main(void) {
5       printf("Hello Tamaki!!");
6       return 0;
7
8
```

Pythonの元になった言語
ゲームやソフトウエア、家電など幅広い電子機器の
開発に使われている

JavaScript

ウェブページの開発に使う言語
ウェブ上でゲームをする時の動きを決めるのにも
用いる

Java

ウェブアプリやサービスの開発に使われる言語
マインクラフトはJavaで開発された

Python

初心者でも使いやすく改良されたシンプルな言語
アプリやAIの開発に利用されている

プログラミングってなんだ??

> プログラムはコンピュータの
> スケジュール帳みたいなもんだよ

人間が予定を書き込んであげるのが、
プログラミングってことね

コンピュータはスケジュールに沿って動く

ちょっと立ち止まって、Python（パイソン）だなんだの前にプログラミングって何するの!?って思いませんか。**プログラムはコンピュータのスケジュール帳みたいなもの**です。そして、**コンピュータに分かる言葉でスケジュール帳に予定を書き込むのがプログラミング**です。

皆（みな）さん、夏休みに1か月の予定を立てたことがありますよね。まさにあれです。今日の予定はコレで明日の予定はコレだな〜、のようにコンピュータもプログラムに書かれた予定をこなしているのです。

プログラムの基本

| 順番に予定をこなす「順次」 | |

プログラムの基本のイメージ

 明日は海で、明後日は花火ね♪

| 条件によって予定を変える「分岐」 |  |

花火の日は、晴れなら浴衣着て　　雨なら中止にしよう　 雨天中止

| 同じ予定を繰り返す「反復」 | |

朝は毎日ラジオ体操すっか〜

第2章
Pythonでマインクラフトを操作できるように準備しよう

まずは、マインクラフトをPythonで操作できるように環境を整えます。1度設定してしまえば次からは不要なので初回だけちょっと頑張りましょう。設定後にトラブルが起きてもここを参照すれば大抵は解決しますので永久保存版です。

本章のクエスト

スタート！

ココだけ購入が必要だよ

手順1〜3でマイクラとPythonに必要なソフトウェアをインストールね。thonnyはPythonでプログラムを書く場所よ

手順 1 Javaをインストール

手順 2 マインクラフトをインストール

手順 3 thonnyをインストール

手順4で改造に必要なソフトウェアをインストールさ♪

手順 4 MODを導入
❶Forge
❷Raspberry Jam Mod

完了〜！

手順 5 mcpiを導入

手順 6 マインクラフトからPythonを呼び出す

ゴール！

手順5,6でマイクラとPythonを繋げるよ

015

Javaをインストールしよう

Javaって?

マインクラフトで使われているプログラミング言語だよ。Pythonとマイクラの通訳をしてくれるよ

なんでJavaが必要?

「Java」もプログラミング言語の1つです（P12）。マインクラフトはJavaを使って開発されたので、Pythonからマインクラフトに話しかけるにはJavaが必要になります。

Javaをインストールすることで、異なる言語を話しているPythonとマインクラフトの間で通訳のような役割を果たしてくれます。

○△□　　　ふむふむ　　　Pythonが●▲■って言ってるぞ　　　オッケー ●▲■ね

Python　　　　　　　　　Java　　　　　　　　　マインクラフト

❶ https://www.java.com/ja/download/　の画面

Javaをダウンロードする

Javaをダウンロードしましょう。Javaは無料で利用できます。

❶ https://www.java.com/ja/download/ にアクセスする

❷「Javaのダウンロード」をクリック

Javaをインストールする

❸「jre-8u371-windows-x64.exe」のように（※最新版の名前が出ます）実行ファイルが出てくるので、クリック

実行ファイルのダウンロード方法いろいろ

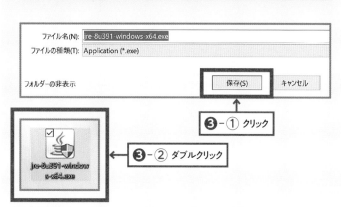

ソフトウェアをインストールするときは、使っているパソコンによって保存先を聞かれることもあります。その場合は保存先（デスクトップがおススメ）を指定して❸-①「保存」をクリック。❸-②アイコンをダブルクリック、でOKです。その他のソフトウェアも同じです。

見当たらないときはダウンロードフォルダを探してみましょう。
通常「C:\Users\ユーザー名\Downloads」にあります。

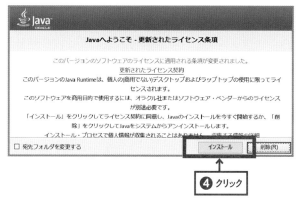

❹セットアップ画面が出てくるので「インストール」をクリック

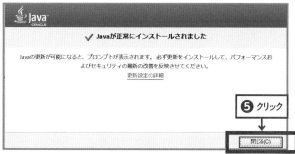

❺インストールが終わったら「閉じる」をクリックすれば完了！

マインクラフトをインストールしよう

使うのはスマホ？PC？

マインクラフトは大人気ゲームなので、パソコン、スマホ、ゲーム機などの端末で遊ぶことができます。今回はプログラミングを学びながらプレイしたいので、Windows用のMinecraft

プログラミングで使いたい場合はパソコンでJava版をインストールさ

Java Editionをインストールします。

パソコン用のマインクラフトは統合版（Bedrock Edition for PC）も同時にインストールできます。既に統合版を持っている人は無料でJava Editionがインストールできます。

Java Editionの特徴

- プログラム（Pythonなど）から操作ができる
- MODというツールを使ってカスタマイズができる
- 統合版のダウンロードも追加料金なしでOK
- ゲーム内の細かい設定やスナップショットなどの機能が多彩

❶https://www.minecraft.net/ja-jp
の画面

マインクラフトをダウンロードする

マインクラフトをダウンロードしましょう。Java Editionは買い切りなので、一度購入すれば追加料金は発生しません。

❶ https://www.minecraft.net/ja-jp にアクセスする

❷ 「マインクラフトを購入」をクリック

❸ 「WINDOWS/MAC/LINUX」版の「今すぐ購入する」をクリック

❹ バージョンを選択

※アイテムオプションを付けるかどうかの違いなので、どちらでもOK

❺ 「MINECRAFTを購入」「チェックアウト」のどちらかをクリック

❻ Microsoftのアカウントを持っている場合は「サインイン方法」をクリック

❻-① 持ってない場合は、「無料でサインアップ！」をクリックしてアカウントを作成する

❻-② アカウントがまだ無い人はゲーマータグの設定画面が開くので、好きな愛称をボックスに記入する

※本書では使いませんが、オンラインでゲームをする時などに表示される名前になります。

❻-③ 「始めましょう」をクリック

❼ 「支払方法の選択」のボックス内から決済方法をクリック

※ここからは支払の手続きなので、必要に応じてお家の人にお願いしましょう。

❽ 必要項目を記入する

❾「次へ」または「保存」ボタンをクリック

※画面はクレジット決済のもの

❿ 購入をクリック

マインクラフトをインストールする

❶「WINDOWS版のダウンロード」を
クリック

❷「MincraftInstaller.exe」をクリック

❸「Microsoft ソフトウェアライセンス条項を読み、同意しました」にチェックを入れる

❹「インストール」をクリック

❺「始めよう！」をクリック

❻「MICROSOFT アカウントでログイン」をクリック

❼「プレイ」画面が出たらインストール完了！

すぐにでも遊びたい！でも、もうちょい設定頑張ろう！

Pythonをインストールしよう

次は
Pythonね♪

Pythonが使いやすくなる thonny を入れるよ

thonnyって?

この本ではPythonを使うためにthonnyという統合開発環境(IDE)をインストールします。

Pythonはコンピュータと会話する為の言語でしたね。そして、thonnyはPythonを教えてくれる先生や道具が揃っている学校のような場所です。初心者にはもってこいなのでthonnyを導入します。

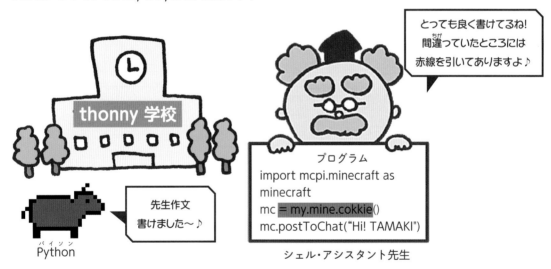

とっても良く書けてるね！
間違っていたところには
赤線を引いてありますよ♪

thonny 学校

先生作文
書けました〜♪

Python

プログラム
import mcpi.minecraft as minecraft
mc = my.mine.cokkie()
mc.postToChat("Hi! TAMAKI")

シェル・アシスタント先生

Thonnyの特徴

● thonnyをインストールすればPythonのインストールは不要
● コードの間違っている箇所を教えてくれる
● 初心者向けの見やすい画面になっている
● コードの一部分だけ試す機能などもある　　※コードとは、プログラミング言語で書いた文章のこと

thonnyをダウンロードする

thonnyをダウンロードしましょう。thonnyは無料で利用できます。

❶ https://thonny.org/ の画面

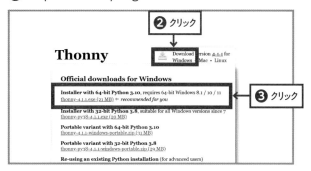

❶ https://thonny.org/
にアクセス

❷「Windows」をクリック

❸「Installer with 64-bit Python
3.10 (thonny-4.1.4.exe (21MB)のよう
に最新版の名前が出ます)」をクリック

thonnyをインストールする

❶「 thonny-4.1.4exe 」
をクリック

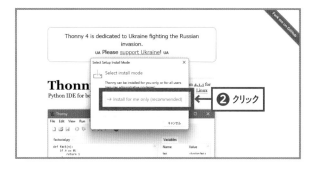

❷「Install for me only
(recommended)」をクリック

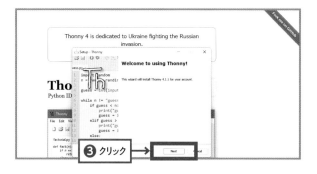

❸「Next」をクリック

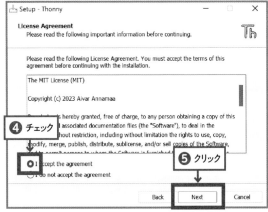

❹「I accept the agreement」にチェックを入れる

❺「Next」をクリック

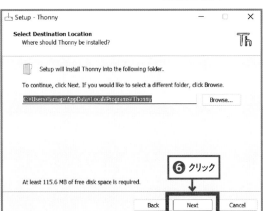

❻「Next」をクリック

次へ〜♪
次へ〜♪

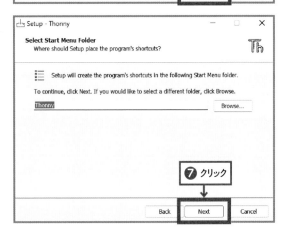

❼「Next」をクリック

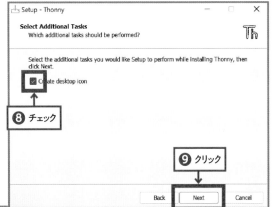

❽「Create desktop icon」にチェックを入れる

❾「Next」をクリック

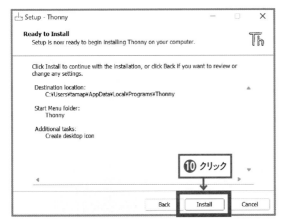

⑩「Install」をクリック

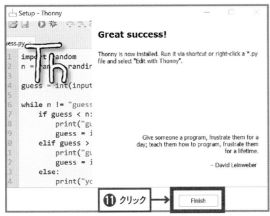

⑪「Finish」をクリックしたら完了！

thonnyを起動する

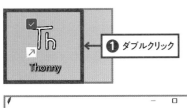

❶デスクトップに作成された「Th」のアイコンをダブルクリック

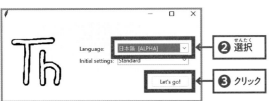

❷「日本語([ALPHA])」を選択

❸「Let's go!」をクリック

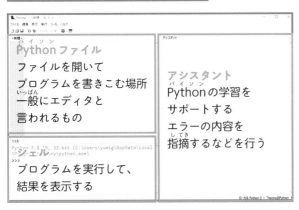

アシスタントが出ないときは
❹-①メニューバーの「表示」をクリック
❹-②「アシスタント」にチェックを入れる、ね！
画面はこのまま開いておいてね

MODを組み込もう

MOD？ 聞いた
ことないなぁ??

マイクラを改造
する為の道具さ

MODってなに?

マインクラフトを改造するためのプログラムのことを「MOD」と言います。MODには様々な目的のものがあり、ブロックの種類を増やすものや、キャラクターの見た目を変えるものもあります。今回はその中でPythonを使うときに

必要な2つのMODをインストールしていきましょう。

MOD	その1	Forge
MOD	その2	Raspberry Jam Mod

ForgeとRaspberry Jam Modってなに?

Forgeはマインクラフトに追加するMODたちを管理するMODです。Raspberry Jam ModはPythonからマインクラフトを操作するためのMODです。関係性が難しいので、例え話で説明したいと思います。

マインクラフトは元々ある1つのテーマパークです。仮に名前をマイクラランドとします。アトラクションを増やしたいので、お隣にMOD

パークを作りました。この増設したMODパークの場所がForgeです。MODパークはマイクララランドとmcpiトレインで繋がっていますが、まだアトラクションが何も入っていない状態です。そこで、新しくPythonクラフトというワークショップを入れましょう。このワークショップがRaspberry Jam Modで、Pythonで使えるアイテムを作る場所になります。

MODパーク
(Forge)　Pythonクラフト
(Raspberry Jam Mod)　mcpiトレイン
(mcpi)　マイクラランド
(マインクラフト)

MODパークには好きなアトラクション（MOD）をまだまだ追加できるのよ

MOD その1 Forgeをダウンロードする

Forgeをダウンロードしましょう。Forgeは無料で利用できます。

❶https://files.minecraftforge.net/net/
minecraftforge/forge/　の画面

❶ https://files.minecraftforge.net/
net/minecraftforge/forge/ にアクセス

❷ Forgeのバージョン1.12.2を選ぶ

❸ 「Download Recommended」で
あることを確認

❹ 「Installer」をクリック

❺ 「SKIP」をクリック

下の部分は関係ないから
スルーだよ〜

MOD その1 Forgeをインストールする

❶ 「forge-1.12.2-14.23.5.2859-
installer.jar」をクリック

❷ 「Install client」にチェックを入れる

❸ 「OK」をクリック

❹「OK」をクリック

マインクラフトで MOD その1 Forgeを使えるように設定する

マインクラフトとForgeが正しく繋がるように設定してあげましょう。

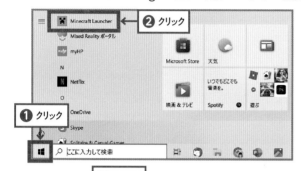

❶ スタートメニューをクリック

❷「Mincraft launcher」を探してクリック

❸「起動構成」をクリック

❹「forge」の部分にカーソルを合わせると右に「・・・」と出てくるのでクリック

❺「編集」をクリック

起動構成を開いてもForgeが見当たらないときは、マインクラフトを一旦終了させて、もう一度立ち上げてみてね!

❻「ゲームディレクトリ」の「参照」をクリック

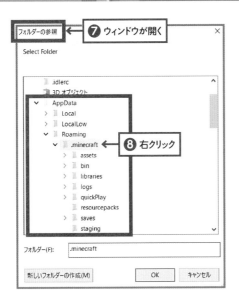

❼「フォルダーの参照」ウィンドウが開く

❽「Roaming」フォルダの中にある
「.minecraft」フォルダを探して右クリック

※通常は C:\Users\ユーザー名\
AppData\Roaming\.minecraft にあります

もし「Roaming」フォルダが
見つからない場合は、P32の
①〜⑤を先にやってみてネ

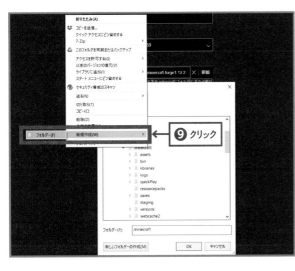

❾「新規作成」の「フォルダ」をクリック

❿「新しいフォルダー」が作成されるので
「.minecraft-forge1.12.2」と入力

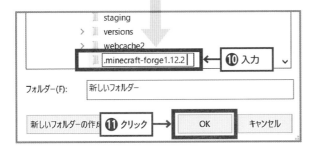

⓫「OK」をクリック

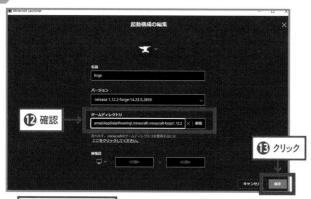

⓬「ゲームディレクトリ」が
「〜〜/.minecraft-forge1.12.2」に
変更されたか確認してから

⓭「保存」をクリック

⓮「forge」の部分にカーソルを合わせて

⓯「プレイ」をクリック

⓰「危険性について理解し、この起動構成について二度と警告しない。」にチェックを入れる

⓱「プレイ」をクリック

ちょっとドキドキするメッセージだけど、心配ナシさ

⓲ 左下に
「Minecraft.1.12.2」と
「Powered by Forge
14.23.5.2859」
と表示されていることを確認する

⓳ 右上の「×」印をクリックして一旦ゲームを終了する

ここまでで1つ目のMOD、Forgeの導入はOK!
次は2つ目のMOD、Raspberry Jam Modを導入していくよ

MOD その2 Raspberry Jam Mod をダウンロードする

Raspberry Jam Modをダウンロードしましょう。Raspberry Jam Modは無料で利用できます。

❶https://github.com/arpruss/raspberryjammod/
releases/　の画面

❶ https://github.com/arpruss/
raspberryjammod/releases/にアク
セス

❷ 0.94の中の「mods.zip」をクリック

MOD その2 Raspberry Jam Modをインストールする

❶「mods.zip」をクリック

❷ フォルダがたくさん出てくるので、そ
の中に「1.12.2」があるのを確認しておく

※P33❾で使います

Raspberry Jam Modを Forgeに組み込む

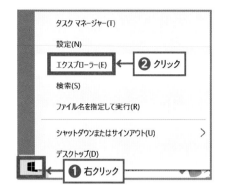

❶ スタートメニューを右クリック

❷ 「エクスプローラー」をクリック

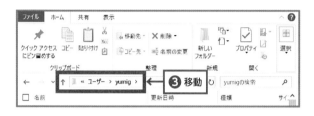

❸ ログインしているユーザー名のついたフォルダに移動します。

※通常は C:\Users\ユーザー名 にあります。

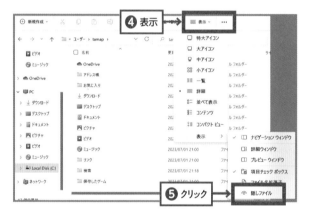

❹ メニューバーの「表示」をクリック

❺ 「隠しファイル」をクリック

❻ 隠れていた「AppData」というファイルが表示されるので、ダブルクリック

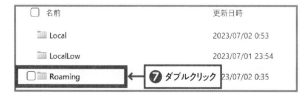

❼ 「AppData」の中の 「Roaming」をダブルクリック

❽「Roaming」の中の「.minecraft」を
ダブルクリック

❾「.minecraft」の中の、「.minecraft-
forge1.12.2」をダブルクリック

❿「.minecraft-forge1.12.2」の中の
「mods」をダブルクリック

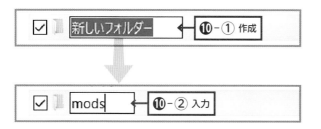

❿-① 「mods」フォルダが無い場合は
右クリックで「新規作成」を選択して
「フォルダ」をクリック

❿-② 「mods」と入力して「Enter」を
タップ

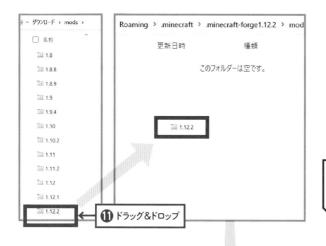

⓫「mods」のフォルダを開いたら、
P31の❷の「1.12.2」フォルダをドラッ
グ＆ドロップ

「1.12.2」フォルダを
コピペでもいいよ

⓬C:\Users\ユーザー名\AppData\
Roaming\.minecraft\.minecraft-
forge1.12.2\modsに「1.12.2」フォ
ルダができたのを確認

Raspberry Jam Modがマインクラフトに組み込めたか確認する

❶ マインクラフトを立ち上げて、「起動構成」をクリック

❷ 「Forge」にカーソルを合わせて、

❸ 「プレイ」をクリック

❹ 「Mods」をクリック

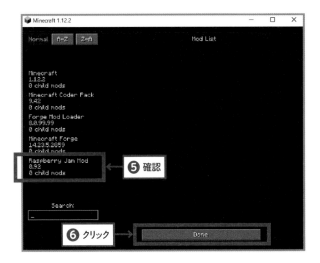

❺ 左側に導入したMODのリストがあるので、その中に「Raspberry Jam Mod」が表示されていることを確認する

❻ 「Done」をクリック

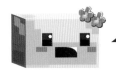

❹の画面に戻るからそのままにしておいてね

手順 5 mcpi（エムシーピーアイ）を導入しよう

mcpi（エムシーピーアイ）ってなに?

mcpi（Minecraft：PieditionAPIPython Library）とは、Python（パイソン）で作ったプログラムからマインクラフトの世界に命令を出す道具のことです。

P26でRaspberry Jam Mod（ラズベリー ジャム モッド）のことをPythonクラフトに例えて説明しましたが、mcpiは

Python（パイソン）クラフトからmcpiトレインに乗ってマイクラランドへ移動するためのチケットのようなものです。mcpi（エムシーピーアイ）を導入しておけば、Python（パイソン）クラフトで作ったアイテムを持って、マイクラランドに移動して遊べる仕組みになっています。

乗せて
くださーい

mcpi

Pythonクラフト
からマイクラランドへ向かう方は
ご乗車くださ〜い

mcpiトレイン

mcpi（エムシーピーアイ）を使えるように設定しよう

P25で開いたthonny（トニー）の画面に戻（もど）ります。

❶ メニューバーの「ツール」を選択（せんたく）

❷「パッケージを管理...」をクリック

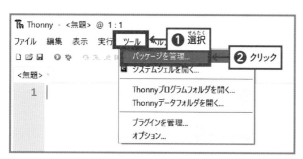

❸ ボックスに「mcpi」と入力する

❹「pypIを検索（けんさく）」をクリック

❺ 検索結果の「mcpi」をクリック

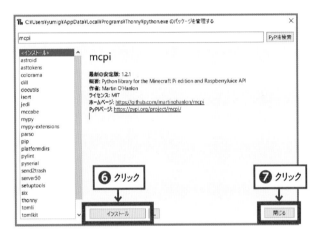

❻ mcpiについて説明する画面が開くので確認して「インストール」をクリック

❼ インストールが完了したら「閉じる」をクリック

ここで手順6の為にちょっと下ごしらえ

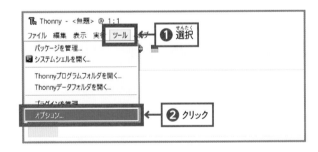

❶ Thonnyのメニューバーの「ツール」を選択

❷「オプション...」をクリック

❸ タグの中の「インタプリタ」を選択

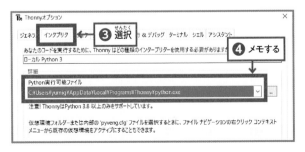

❹ Python実行可能ファイルとあるボックスの中の文字をコピーしてメモ帳などに控えておきます。

※コピーは文字を選択して「ctrl」＋「c」を同時にタップ

mcpi が見当たらないときは??

動作環境によっては、検索結果がこのように表示されることがあります。でも焦らなくて大丈夫！

❶ https://github.com/martinohanlon/mcpi　の画面

❶ https://github.com/martinohanlon/mcpi
にアクセスする

❷「Code」をクリック

❸「Download ZIP」をクリック

❹「mcpi-master.zip」をクリック

❺「mcpi-master」フォルダが開くので、その中にある「mcpi」フォルダを
C:\Users\ユーザー名\AppData\Roaming\Python\Python310\site-packages
にドラッグ＆ドロップ

Pythonのファイルの中の「Site-packages」の中にmcpiのフォルダをコピーして入れられればOKだよ

エムシーピーアイ

mcpiが使えるようになっているか確認する

P34 ❹ のマインクラフトの画面に戻ります。

❶ 地球のマークをクリック

※英語が得意なら❶〜❸は飛ばしてOKだよ

❷「日本語(日本)」を選択

❸「完了」をクリック

こうすれば日本語でマイクラをプレイできるよ♪

❹「シングルプレイ」をクリック

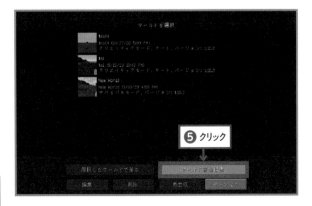

❺「ワールド新規作成」をクリック

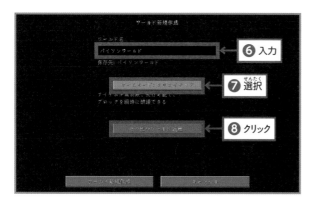

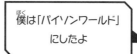 入力

 選択

クリック

❻ ボックスの中に好きな名前を入力

僕は「パイソンワールド」にしたよ

❼ ゲームモードは「クリエイティブ」を選択

❽ 「その他のワールド設定...」をクリック

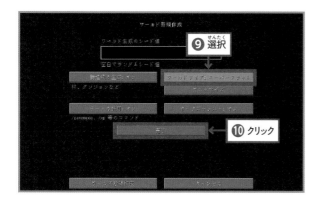

❾ 選択

⑩ クリック

❾ プログラミングした結果を見やすくするために「ワールドタイプ:スーパーフラット」を選択

❿ 「完了」をクリック

⑪ クリック

⓫ ワールド新規作成の画面に戻るので、「ワールド新規作成」をクリック

スーパーフラット(平らな芝生)な世界が生成されるよ。
マイクラ画面は開いたまま、PCの「/」(スラッシュ)をタップしてプレイヤー操作から一旦抜けよう

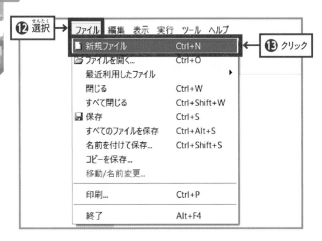

⑫ P25で開いたThonnyの画面に戻って、メニューバーの「ファイル」を選択

⑬ 「新規ファイル」をクリック

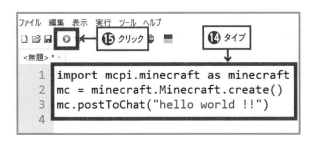

```
import mcpi.minecraft as minecraft
mc = minecraft.Minecraft.create()
mc.postToChat("hello world !!")
```

⑭ 「無題」という画面が開くので画面とそっくり同じにタイプする

⑮ 緑の矢印マークをクリック

⑯ マインクラフトの画面に「hello world !!」と表示されたら接続成功!!

mcpiトレインが、MODパーク→マイクラランドに繋がったよ

⑰ Thonnyの画面に戻って、「ファイル」を選択

⑱ 「名前を付けて保存...」をクリック

❶⓽ ファイルの保存先を決めるウィンドウが開くので、「C:\Users\ユーザー名\AppData\Roaming\.minecraft\.minecraft-forge1.12.2」に移動する

modsフォルダのある場所だよ

❷⓪ ウィンドウ内で右クリックして「新規作成」を選択

❷⓵「フォルダー」をクリック

❷⓶「新しいフォルダー」に「mcpipy」と入力してフォルダを作る

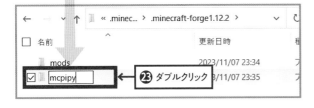

❷⓷ 作った「mcpipy」フォルダをダブルクリック

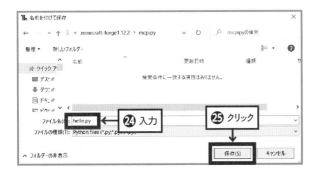

❷⓸ ファイル名「hello.py」と入力

❷⓹「保存」をクリック

ココまで来ればもうちょいだよ

マインクラフトからPythonを呼び出せるようにしよう

パスってなに?

マイクラランドからMODパークのPythonクラフトに戻るには、mcpiトレインにまた乗って移動します。ここで、ちょっとだけコツが要るのですが、Pythonクラフトに戻るときはthonny

経由でチケットを買う(パスの設定)必要があります。

あまり難しく考えなくても大丈夫です、迷子にならないための正しいチケットを買う作業だと思ってください。

> MODパーク行きです。Thonny経由でPythonクラフトにお戻りの方はご乗車くださ〜い

> 乗せてくださーい
>
> パス

マインクラフトでパスの設定をする

Esc ← ❶ タップ

P40 ⑯ のマインクラフトの画面に戻る

❶ キーボードの「esc」キーをタップ

❷ クリック

❷ 「セーブしてタイトル画面に戻る」をクリック

❸「Mods」をクリック

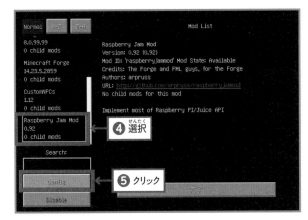

❹「Raspberry Jam Mod」を選択

❺「Config」をクリック

❻「Python Interpreter」のボックスの中に
P36 ❹ でメモしておいた文字を入力

※ペーストは「ctrl」+「v」を同時にタップ

❼「完了」をクリック

「C:\Users\ユーザー名\AppData\Local\
Programs\Thonny\python.exe」の
ようになっているはずだよ

❽「完了」をクリック

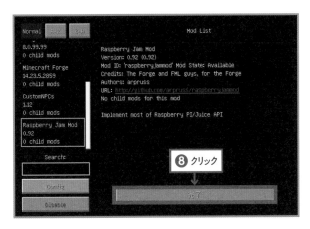

マインクラフトからPythonを呼び出す

❶「シングルプレイ」をクリック

❷ P39❻で作った「パイソンワールド」があるので選択

❸「選択したワールドで遊ぶ」をクリック

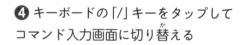

❹ キーボードの「/」キーをタップしてコマンド入力画面に切り替える

❺「py hello」と入力する

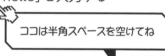

ココは半角スペースを空けてね

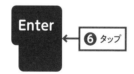

Enter

❻「enter」キーをタップする

❼「hello world !!」と出れば呼び出し成功!!

mcpiトレインが、マイクラランド→ MODパークに繋がったよ

第3章
Pythonをさわってみよう

Raspberry Jam Mod(Pythonクラフト)とマインクラフト(マイクラランド)が無事に開通しました!これでPythonを使ってマインクラフトを操作できます。第3章では、Pythonファイルを新規作成して、書いたコードを実行と保存する流れをつかみましょう。まずはチャットメッセージでウォーミングアップ!

本章のクエスト

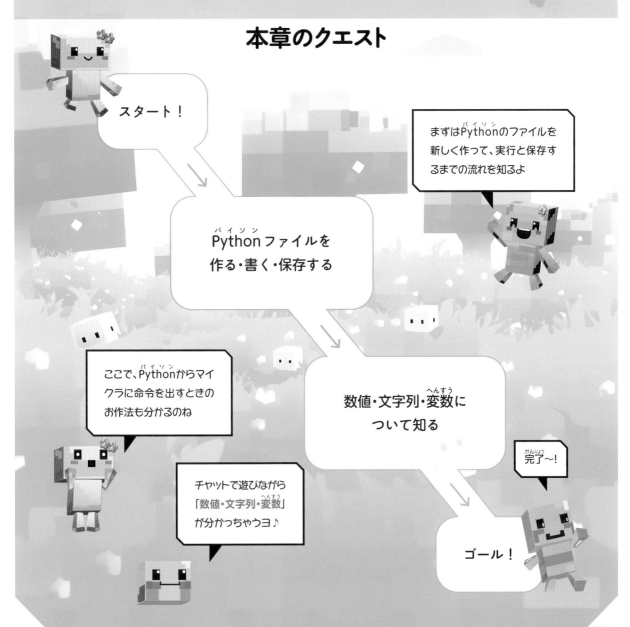

スタート!

まずはPythonのファイルを新しく作って、実行と保存するまでの流れを知るよ

Pythonファイルを
作る・書く・保存する

ここで、Pythonからマイクラに命令を出すときのお作法も分かるのね

数値・文字列・変数について知る

完了〜!

チャットで遊びながら
「数値・文字列・変数」
が分かっちゃうヨ♪

ゴール!

Pythonファイルの扱いかた

まずはPythonファイルを開く・書いて実行する・保存するの流れを知ろう

 Pythonからマイクラにアクセスする方法もココを見れば分かるよ

ここまでたどり着いた皆さん、実は2章の手順5でthonnyをちゃんと使えているんです。でも急ぎ足でmcpiの動作確認だけしたので、ここでゆっくりthonnyでPythonを使う基礎を解説していきます。

エディタを開いてコードを書く

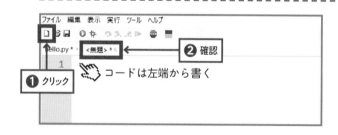

① クリック
② 確認
コードは左端から書く

```
hello.py ×   <無題> * ×
1  import mcpi.minecraft as minecraft
2  mc = minecraft.Minecraft.create()
3  mc.postToChat("Hi! TAMAKI")
4
```

③ 書き換える

P41のthonnyに戻る

❶ 左上にある書類マークをクリックして新規ファイルを開く

❷ 先ほど作った[hello.py]の隣に「無題」という新しいエディタが開く

❸ hello.pyのコードの「" "」内だけ好きな文字に書き換える

自分やお友達の名前を呼びかけてみよう

全部半角英数字で書くよ

マインクラフトに命令する必須コード

　書き込んだコードの内容を上から順番に見ていきましょう。何が書いてあるか理解でればプログラミング上達への近道になりますよ！

1	import mcpi.minecraft as minecraft ⏎　　改行
2	mc = minecraft.Minecraft.create() ⏎　　改行

これは絶対書き忘れちゃいけない大事な呪文です。"Pythonからマインクラフトに命令を出すぞ！"と宣言しています。

この言葉を最初に書くことで、Pythonクラフトからmcpiトレインに飛び乗れます。

3	mc.postToChat("Hi! TAMAKI")

これはPythonからマインクラフトに出した命令の内容です。

ここでは『マインクラフトの画面に「 Hi! TAMAKI 」と表示して』と命令を出しています。Pythonクラフトで作ったアイテムに相当します。

> 必ず1, 2の呪文を書いてから、マイクラでやりたい内容を書く、という順番だよ

ファイルの保存と実行

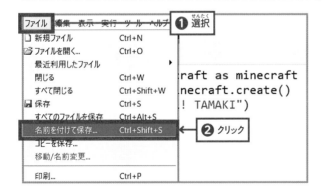

❶ メニューバーの「ファイル」を選択

❷「名前をつけて保存...」をクリック

> さっき[hello.py]を保存したところよ

❸ ファイル名のボックスに「hi.py」のように自分で覚えやすい名前をつける

❹「保存」をクリック

> ファイル名の最後は「○○.py」としてね！

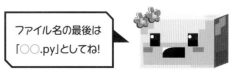

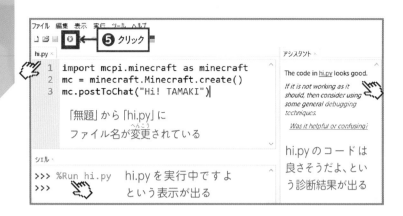

❺ 緑の矢印をクリックして
プログラムを実行する

hi.py のコードは
良さそうだよ、とい
う診断結果が出る

❻ マインクラフトの画面にメッセージ
が表示される

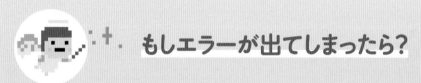

もしエラーが出てしまったら?

プログラムに誤りがある場合はエラー画面が出ます。間違っていそうな箇所を探して、再チャレンジすれば大丈夫です。

シェルとアシスタントがこの
ように誤り箇所を指摘して
くれます。
まずはそこから確認してみま
しょう。

この場合「4行目がヘンだよ」
と教えてくれています。

エラーあるある

● 誤記がある
● 全角が混じっている
● コードの先頭にスペースがある
● マインクラフト用の呪文を書き忘れた

しまった!4行目に
全角スペースが入ってる!!
透明で見えないから
気づかなかった〜

保存したファイル開く

❶ メニューバーの「ファイル」を選択

❷「ファイルを開く …」をクリック

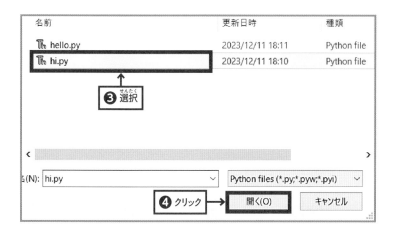

❸ 作ったPythonファイルの一覧が出てくるので開きたいファイルを選択

❹「開く」をクリック

※ファイルをダブルクリックでもOK

❺ 保存しておいたファイルが開く

これでPythonファイルの扱い方は一通りオッケーヨ♪

文字列・数値・変数について知っておこう

> チャットで遊ぶには
> 基本のデータの種類を
> 知っておく方が良いね

プログラミングでは**データの種類**を分けて扱っていて、「**文字列**」「**数値**」「**変数**」のように名前がついています。基本のデータを使い分けるだ

> 「文字列」「数値」「変数」
> の使い方をおさえておこう!

けで、思い通りのプログラムがスイスイ書けるようになります。ここではチャット画面を利用してそれぞれの違いを理解しちゃいましょう。

「文字列」は " " でくくった中身だよ

P49で開いた hi.py ファイルを見てみましょう。

```
1   import mcpi.minecraft as minecraft
2   mc = minecraft.Minecraft.create()
3   mc.postToChat("Hi! TAMAKI")
```

3行目で「" "」でくくった「Hi! TAMAKI」がグリーン＊になっていますね。これが文字列です。

＊デフォルト設定の場合

```
1   import mcpi.minecraft as minecraft
2   mc = minecraft.Minecraft.create()
3   mc.postToChat("1+2")
```

「" "」でくくった内容はそのままマインクラフトの画面に出してね、と命令しています。

では、「" "」の中を「1＋2」に書き換えて実行してみましょう。

```
1+2
```

答えは3！と思いますが、「" "」でくくっているので、素直にそのまま「1＋2」と表示してくれます。

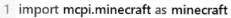

```
1  import mcpi.minecraft as minecraft
2  mc = minecraft.Minecraft.create()
3  mc.postToChat("こんにちわ")
4  print("こんにちわ")
```

```
シェル ×

>>> %Run hi.py
  こんにちわ
>>>
```

では次に「"　"」の中を「こんにちわ」に書き換えてみましょう。

シェル画面でも文字列がどう出るか確認するために4行目の内容も書き足してから実行してみて下さい。

すると、シェル画面には「こんにちわ」と出ました。

マインクラフト画面では残念ながら文字化けしています。

Pythonで日本語を扱う場合、通常は「"　"」の中に書き込んだ文字は全てそのまま表示されるのですが、マインクラフトに関しては文字化けしてしまうのでちょっとだけ注意が必要です。

```
1  import mcpi.minecraft as minecraft
2  mc = minecraft.Minecraft.create()
3  mc.postToChat("I said 'Hi!' ")
```

ではでは次に「"　"」の中の文章をカッコでくくりたいときはどうすればよいでしょう。

「"　"」の中を「I said 'Hi!'」に書き換えてみましょう。

実行すると「Hi」が「' '」でくくられて表示されます。

このように、文字列は内容を見るのではなく、「文字（記号）が並んでいるよ」とコンピュータが判断する仕組みになっています。

このくらい知っておけば
文字列についてはOKだよ

051

「数値」はズバリの意味だよ
そのまま値としても、計算式の状態でも扱えるよ

```
1  import mcpi.minecraft as minecraft
2  mc = minecraft.Minecraft.create()
3  mc.postToChat(1+2)
```

今度は「" "」を外して「( )」の中に直接「1＋2」と書いてみましょう。1と2が茶色＊になりましたね。これが数値です。

＊デフォルト設定の場合

実行すると今度は「3」と、足し算した答えが出て来ました。

マインクラフトでチャット機能を使うとき、数値は「( )」の中に直接入力することができます。ただし、文字列とは扱いが異なるので、P50のようにそのまま「1＋2」と表示されることはなく、計算した結果の「3」が表示されます。これを「演算」といいます。

では試しに「( )」の中に「hello world!!」と書いて実行してみましょう。

おやや、エラーが出てきてしまいましたね。

これが文字列と数値の違いです。

```
1  import mcpi.minecraft as minecraft
2  mc = minecraft.Minecraft.create()
3  mc.postToChat(3/2)
```

お次に「( )」の中に「3/2」と書いて実行しましょう。

※「/」は「÷」を意味しています

「1.5」と割り算した結果が出てきました。このように数値では小数も扱えます。

「＋」や「/」のことを「**演算子**」といいます。数どうしの計算をする演算子(算術演算子)にはこのようなものがあります。

演算子の種類

＋	足し算	**	べき乗
/	割り算	//	割り算(小数を切り捨て)
*	掛け算	%	割り算のあまり
-	引き算		

習うより慣れろさ。色々入力してトライしてみよう!

データ型が分からなくて エラーが出るときは?

アシスタント ✕

SyntaxError: invalid syntax. Perhaps you forgot a comma?

hi.py, line 3

Python doesn't know how to read your program.

Small ^ in the original error message shows where it gave up, but the actual mistake can be before this.

左ページでエラーになった時のアシスタントを見てみましょう。

3行目がおかしいよ、と指摘した上で、

Warnings
May help you find the cause of the error.

hi.py

⊟ Line 3 : invalid syntax. Perhaps you forgot a comma? [syntax]

"hello world!!"を文字列として扱いたいなら、クォート("　"のこと)で囲むの忘れてないかい?

と解決方法を提案してくれています。

この先もプログラミングで上手くいかない場合は、エラーメッセージをよく読んでみると解決につながるよ。便利だね!

「変数」は文字列や数値など色々なデータを入れておける便利な格納庫のイメージだよ

```
1  import mcpi.minecraft as minecraft
2  mc = minecraft.Minecraft.create()
3
4  x = 1
5
6  mc.postToChat(x)
```

見やすくするために、3行目と5行目は何も書かずに改行しているよ

```
1  import mcpi.minecraft as minecraft
2  mc = minecraft.Minecraft.create()
3
4  x = "hello"
5
6  mc.postToChat(x)
```

引き続き「hi.py」ファイルを書き換えながら見ていきましょう。

4行目に「x = 1」と書いて、6行目の「(　)」の中に x と書きます。x に色*の変化はありませんね。これが変数です。

*デフォルト設定の場合

実行すると「1」と表示されました。

ではお次に
x = "hello"と書き換えてみましょう。

実行すると「hello」と表示されました。

文字列も数値もアリなんだね〜

「変数」とは、中身を入れ変えられる入れ物に例えられることが多いです。

上記のように「x = 1」と決めてあげても良いし、「x = "hello"」と決めてあげても〇Kです。変数に何かを入れることを「代入」といいます。

変数のイメージ

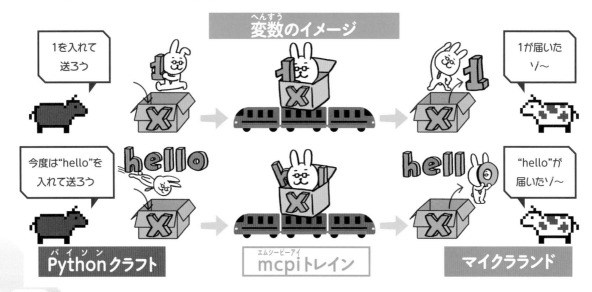

何でわざわざ変数に代入するの?

　左ページを見て、数値も文字列も直接「( )」に入れればそれで良くない??と思いませんでしたか?

　変数に代入する値が少しのときは、あまりありがたみを感じないのですが、**値が複雑になってきたときに威力を発揮**します。

　その辺はいずれ実感してもらうとして、マイクラランドでツアーコンダクターになることを想像してみてください。

　変数を使わない場合はツアー客(値)全員の名前を呼んで電車に乗せる必要があります。しかしツアー客をひとまとめにして「グループx」と名前を付ければ(値を変数に代入する)、一声でツアー客全員を引率できます。

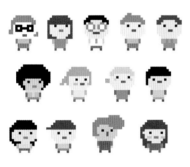

では、青木さん、北村さん、玖我さん、黒須さん、吹雪さん、… 次の場所に移動 しまーす

は〜、グループ名を付けておけば良かった

変数に値を代入しないと、毎回1つづつ値を呼び出すことになる

では、グループX の皆さん、次の場所に移動 しまーす

グループ名付けておいて良かった♪

変数に値を代入しておけば、まとめて値を呼び出せる

次の章からPythonを使ってマイクラで遊ぶから、基本的な
マイクラの操作方法について紹介しておくね!

 プレイ中に便利な操作

アクション	操作キー
前に移動	W
後ろに移動	S
右に移動	D
左に移動	A
ダッシュ	ctrl＋移動キー
しゃがむ	Shift キー
ジャンプ（上に移動）	スペースキー
メニュー画面に戻る	esc キー
視点切り替え	F5
叩く/攻撃	左クリック
手に持っているものを使う	右クリック
イベントリを開く	E
持っているアイテムを捨てる	Q
向いている方向を変える	マウス移動／タッチパネル操作

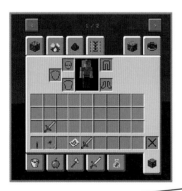

イベントリはこんな感
じの画面が開いて、プ
レイヤーの持っている
アイテムを管理するよ

 プログラムを実行するときに便利な操作

アクション	操作キー
コマンド画面に切り替え	/
実行	Enter キー
コマンド画面から抜ける	esc キー
コマンド履歴を見る	↑↓キー

第4章

簡単なプログラムを作ってみよう

本章ではいよいよプログラミングを利用してマインクラフトの世界にブロックを出していきますよ！ プログラミングの基礎その1「順次」も学んでいきましょう。

本章のクエスト

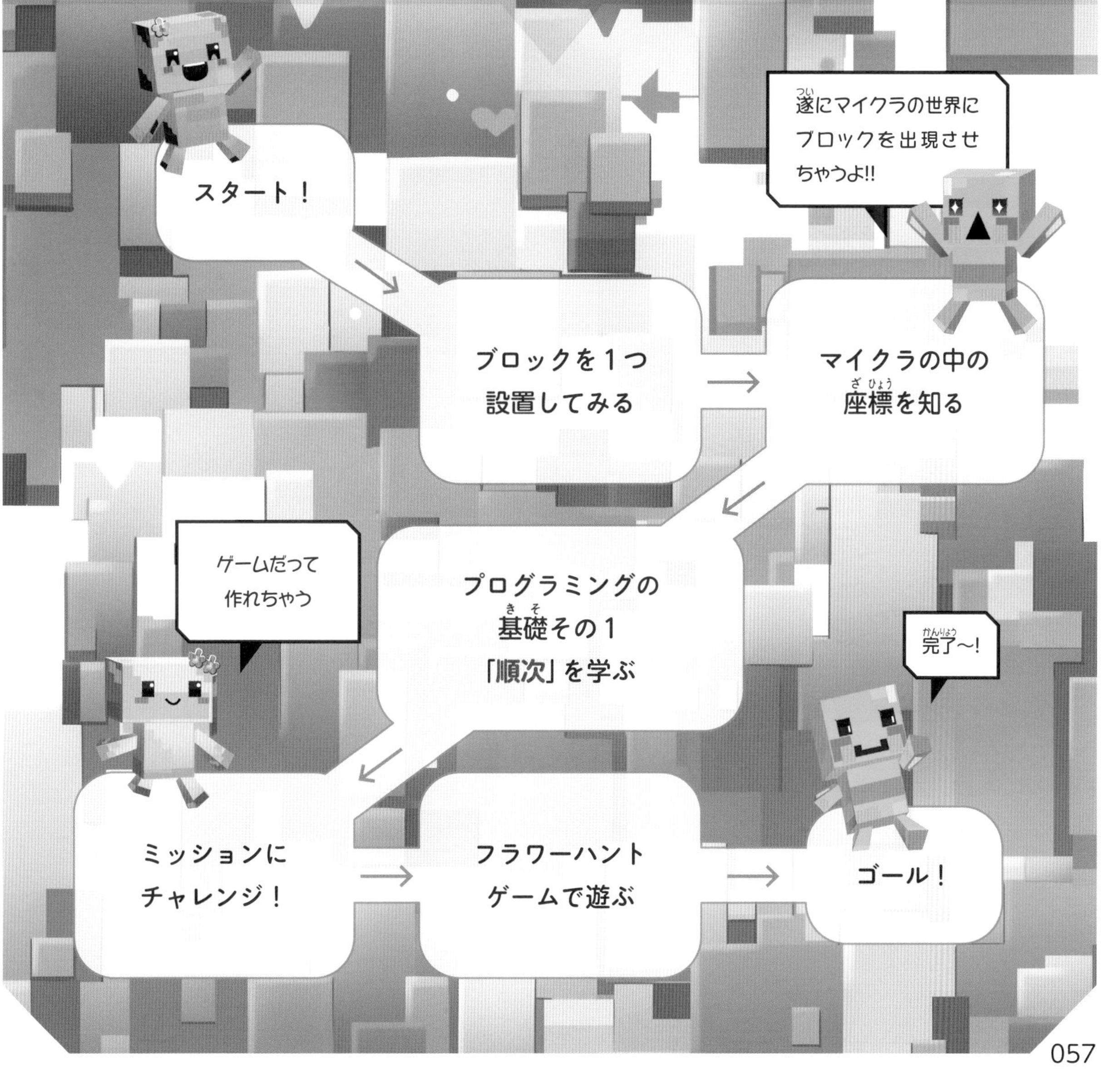

スタート！

遂にマイクラの世界にブロックを出現させちゃうよ!!

ブロックを1つ設置してみる

マイクラの中の座標を知る

ゲームだって作れちゃう

プログラミングの基礎その1「順次」を学ぶ

完了〜!

ミッションにチャレンジ！

フラワーハントゲームで遊ぶ

ゴール！

マインクラフトの世界にブロックを出す!

遂にワールド内にアイテムを出すよ!

ブロックを置きながら座標の考え方と「メソッド」についても分かっちゃう♪

　第3章までで基礎知識はOKです、ウズウズしている皆さんお待たせしました。いよいよマインクラフトの世界にどぼ〜んとアクセスです。早速Pythonからブロックを出してみましょう♪

まずはブロックを1つ出してみよう

解説聞くよりやってみたい!では、お手本通りにコードを書いて実行してみましょう。

```
 1  import mcpi.minecraft as minecraft       マインクラフトを呼び出す
 2  from mcpi import block                    ブロックを呼び出す
 3  mc = minecraft.Minecraft.create()
 4
 5  player_pos = mc.player.getTilePos()       プレイヤーの座標を取得
 6
 7  x = player_pos.x
 8  y = player_pos.y      プレイヤーの座標を(x,y,z)に設定
 9  z = player_pos.z
10
11  mc.setBlock(x + 2, y, z + 4, block.WOOL.id, 3)    ブロックを設置
12
```

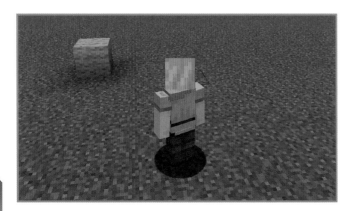

マインクラフトの画面を見ると、、やった!羊毛ブロックが出現しています!!

座標について知っておこう

マインクラフトだけでなく、プログラミングでは座標が理解できればスキルがグンとアップします。ブロックを出しながら確認するので考え方の基礎が簡単に理解できますよ。

では、お手本コードを順に見ていきましょう。

1	import mcpi.minecraft as minecraft
2	from mcpi import block
3	mc = minecraft.Minecraft.create()

1、3はP47と同じですが、2行目にブロックを呼び出すコードが追加されています。呪文の一部だと思ってください。

5	player_pos = mc.player.getTilePos()

このコードでプレイヤーの座標を取得しています。

「 mc.player.getTilePos() 」とは「**メソッド**」と呼ばれる「**関数**」の一種です。関数とメソッドについては後で詳しく説明しますね。

このメソッドでプレイヤーの立っている場所の座標を「player_pos.x」「player_pos. y」「player_pos. z」という値で受け取れます。

あまり難しく考えず、プレイヤーの居る場所を把握するGPSだと思ってもらえばOKです。

座標の軸方向がどうなっているかは正しく把握しておきましょう。

まず、プレイヤーが最初に立っている場所が（0 , 0 , 0）となります（※Pythonで呼び出した場合）

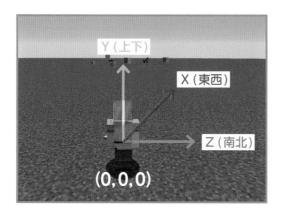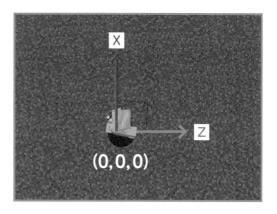

プレイヤーが x 軸方向に＋に進むと東に進んで、－に進むと西に進むことになります。
プレイヤーが z 軸方向に＋に進むと南に進んで、－に進むと北に進むことになります。
プレイヤーが y 軸方向に＋に進むと上に進んで、－に進むと下に進むことになります。

7	x = player_pos.x
8	y = player_pos.y
9	z = player_pos.z

7～9行目では早速便利な変数の登場です。毎回「player_pos.x」などと書くのは大変なので、それぞれの座標を x、y、z と置き換えてあげました。

11	mc.setBlock(x + 2, y, z + 4, block.WOOL.id, 3)

ここでは「mc.setBlock()」というメソッドを呼び出しています。

先ほどのメソッドとちょっと使い道が異なり、( )内には座標やブロックの情報を書いて、指定の場所にブロックを出しています。

最初にプレイヤーの位置は(x , y , z)=(0 , 0 , 0)でしたね。そこから

(x + 2, y, z + 4)の場所に「 block.WOOL.id, 3」(羊毛ブロック id 3番)を置く命令を出しています。

これが何を意味しているかというと、下の図のようになります。

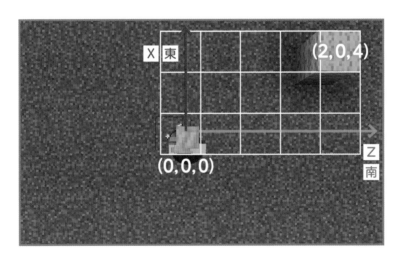

「僕から見て東に2つ、南に4つ、上には0進んだ場所に青い羊毛ブロックを出してね」と命令しています。さてでもなんでたった1行でそんなスゴ技が使えるのでしょうか? それは関数(メソッド)に秘密があります。

関数?
名前聞くとじんましんが出そうなんだけど

心配しなくて大丈夫だよ。作業を代行してくれるお助けアイテムみたいなもんだから

メソッドについて知っておこう

「関数」とはあらかじめ決めた処理をするプログラムを呼び出す道具です。その中でも「メソッド」という関数は特定の物(「オブジェクト」)に対して何か決まったアクションを起こす道具のことを指します。

mc.player.getTilePos()メソッドはプレイヤーの位置をゲットするはたらきをしましたね。(　)の中に何も値を入れずに使えます。

mc.setBlock()メソッドは(　)の中に座標やブロックの番号が入っていますね。(　)に入っている値のことを「引数」といいます。決められた順番で引数を入れると、指定した場所にブロックが配置されます。

mc.setBlock(東西方向の座標、上下方向の座標、南北方向の座標、ブロックの種類、id番号)と書くのが決まりです。

※id番号はブロックの色を指定します。

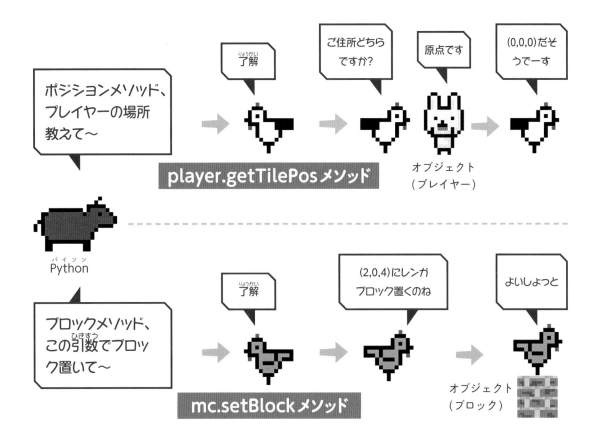

メソッドを使うとオブジェクトに対してはたらきかけをして、オブジェクトに関する情報をもらう(「戻り値」)、オブジェクトにアクションを起こす(「結果」)ことができます。

メソッド(関数)は用意されたものを呼び出すこともできるし、自分で作ることもできるよ

061

カラフルマットの上に ブロックを置こう

【付録1】をダウンロードして狙った場所にブロックを置いてみよう!

ここからは、座標確認用のマットの上にブロックを置いて練習してみましょう。

【付録1】mat.py

http://idea-village.com/minecraft/
supplements/dl.php?mat.py

① アクセス

❶ 左のQRコードを読み込むか、URLにアクセスする

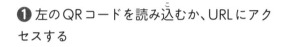

Th mat.py
1,420 B・完了

② クリック

❷ 付録コードがダウンロードされるので、ダウンロードフォルダを開く

∨ 今日 (1)

Th mat.py

❸ ダウンロードフォルダ内に「**mat.py**」ファイルがあるので、Pythonファイルの保存先である「C:\Users\ユーザー名\AppData\Roaming\.minecraft\.minecraft-forge1.12.2/mcpipy」の中に保存

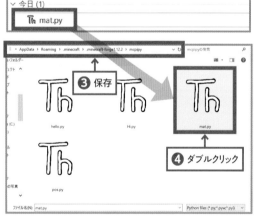

③ 保存

④ ダブルクリック

❹ ファイルを開く

※コードの中身を確認するためなので今は書き換えはしなくてOK

```
mat.py
32
33
34  # カラフルマットを配置
35  mc.setBlocks(rug_x, rug_y - 1, rug_z, rug_x + rug_width, rug_y - 1, rug_z + rug_
36
37  for i in range(10):
38      for j in range(10):
39          if (i + j) % 2 == 0:
40              mc.setBlock(rug_x + j, rug_y - 1, rug_z + i, *color_a)
41          else:
42              mc.setBlock(rug_x + j, rug_y - 1, rug_z + i, *color_b)
43
44  sleep(2)
45
46  ###############################################
47  # ★ ココの引数を書き換え（ブロックを置いてみよう）###############
48  ###############################################
49  mc.setBlock(x + 2, y , z + 4, block.WOOL.id, 3)
50  ###############################################
51
```

★【付録1】にはこのように座標確認用マットを敷くコードが書いてあります。

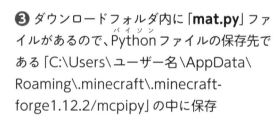

「#」が付いて色が薄い部分はコンピュータが無視するよ。みんなもコメント用に使ってね

/py mat_

⑤ 入力してエンター

❺ マインクラフトのコマンド画面に「/py mat」と入力してキーボードの「Enter」をタップで実行

※他の付録コードも同様にして使ってネ!

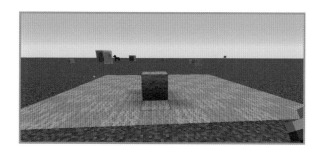

すると左のように市松模様のマットの上にブロックが出現します。

```
49    mc.setBlock(x + 2, y, z + 4, block.WOOL.id, 3)
```

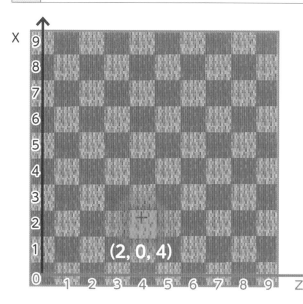

(2, 0, 4)

引数はP60と同じなので座標(2，0，4)にブロックが出るはずです。

スペースキーでジャンプして上から見てみましょう。

ちゃんと(2，0，4)にブロックが置かれていますね。

座標を変更しながら狙った位置に出す練習をしてみよう

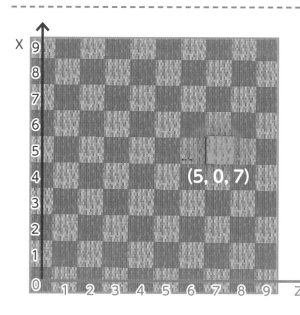

(5, 0, 7)

試しに(5，0，7)にブロックを出すならどう書き換えれば良いか考えてみましょう。

引数を
(x + 5, y, z + 7, block.WOOL.id, 3)
にして実行すれば、
(5，0，7)にブロックが置かれます。

座標の基準はプレイヤーの位置になっていることに注意だよ！

ここからカラフルマットを使ってどんどんブロックを設置してきたいと思いますが、ヘンテコ設置にならないように注意点があります。

①地面に着地した状態で実行する　　②プログラムの実行中は移動しない

P59のmc.player.getTilePos()メソッドは、プログラムを実行した時のプレイヤーの位置を原点（0, 0, 0）として取得します。つまり「立ってる位置が基準」になります。

そのため、空中でプログラムを実行すると、こんな感じにラピュタ化してしまいます。

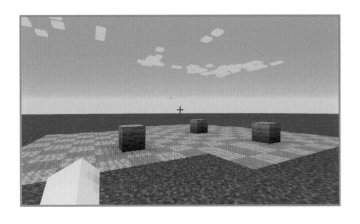

ということは、移動しながら次々にプログラムを実行するとどうなるか、

このようにマットが重なって出てきてしまいます。

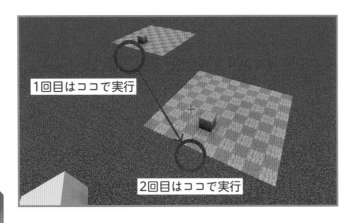

1回目はココで実行

2回目はココで実行

でも、試行錯誤しながらプログラムの実行結果を比較したいですよね。

そこで、おススメは「距離を取ってプログラムを実行」です。

1回目を実行したら、広い場所に移動して2回目を実行すれば見やすくなります。

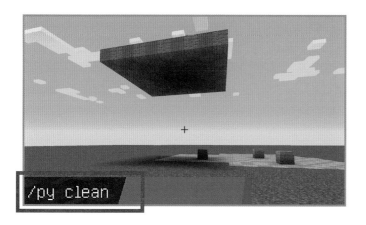

でも、こんな感じにマットがごちゃごちゃしてきてしまったら【付録2】clean.py の整地用プログラムを地面に着地した状態で実行してください。

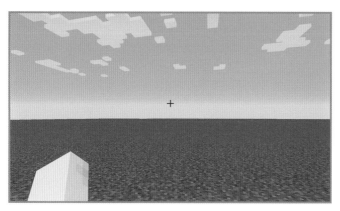

周辺のマットとブロックを一気に消して、まっさらな芝生（しばふ）に戻（もど）ります。

何でも消しちゃうから、近くにお気に入りの建物がある場合は注意してねー

【付録2】clean.py

http://idea-village.com/minecraft/
supplements/dl.php?clean.py

この先の付録プログラムも同じ方法で使ってネ♪　書き換（か）えてから使いたい場合は、プログラムファイルを保存してから実行だよ

整地用プログラムの使い方

❶ 左のQRコードを読（こ）み込むか、URLにアクセスして「**clean.py**」ファイルをダウンロードする

❷ Python（バイソン）ファイルの保存先である「C:\Users\ ユーザー名 \AppData\Roaming\.minecraft\.minecraft-forge1.12.2/mcpipy」の中に保存

❸ マインクラフトのコマンド画面に「/py clean」と入力してキーボードの「Enter」キーをタップで実行

複数のブロックを出してみよう

（2，0，4）と（5，0，7）の両方にブロックを出すならどう書き換えれば良いでしょうか。答えはカンタン、もうひとつメソッドを書き足すだけです。

```
mc.setBlock(x + 2, y, z + 4, block.WOOL.id, 3)
```

```
mc.setBlock(x + 5, y, z + 7, block.WOOL.id, 3)
```

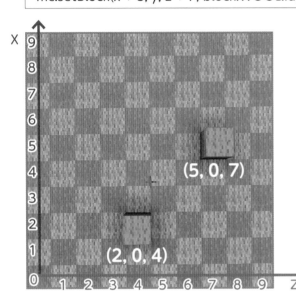

このようにメソッドを複数書いてそれぞれ座標（引数）を指定すればオッケー

なんか分かってきたぞ～！

ブロックの色を変えてみよう

では、ブロックの色を変えたい場合はどうすれば良いでしょう。これまたカンタン、ブロックid（引数）を変更すれば羊毛ブロックの色が変わります。

```
mc.setBlock(x + 2, y, z + 4, block.WOOL.id, 2)
```

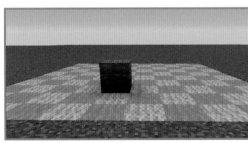

引数の最後の数字を2に変更すると、ブロックの色が赤紫に変わります。

最後の引数を書き換えると、色違いの羊毛ブロックが出せるんだね

羊毛ブロックのカラーid一覧

0	白	8	薄灰色
1	橙	9	青緑
2	赤紫	10	紫
3	空色	11	青
4	黄色	12	茶色
5	黄緑	13	緑
6	ピンク	14	赤
7	灰色	15	黒

マインクラフトにあるコマンドも併用すると便利だよ

ゲームの中と言えど、夜は作業がしづらいし、雨は気がめいりますね。そんな時に便利なコマンドを紹介しておきますね。

雨が降ってきてしまった！

コマンド画面に
/weather clear
を入力して「Enter」をタップ

このようにスッキリ晴天に。

可哀そうに、ゾンビは燃えてしまいましたが。。

夜になってしまった！

コマンド画面に
/time set day
を入力して「Enter」をタップ

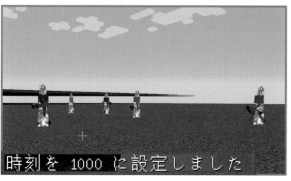

このように昼間に。

可哀そうに、ゾンビはまた燃えてしまいましたが。。

時刻「1000」というのは、マイクラ時間でだいたい昼のことだよ

プログラミングの基礎その1 「順次」

「順次」ってなんだ?

プログラムは上から順に実行されるって意味だよ

プログラミングには大事な考え方が3つあります。それは「**順次**」「**分岐**」「**反復**」です。まずは基礎その1「順次」から理解していきましょう。

コンピュータは順番を無視しないんだね

　プログラムはコンピュータのスケジュール帳です(P14)と説明しましたが、**コンピュータは順番を入れ替えることなく必ず上から見て命令をこなしていきます**。シンプルなルールですが重要なポイントです。

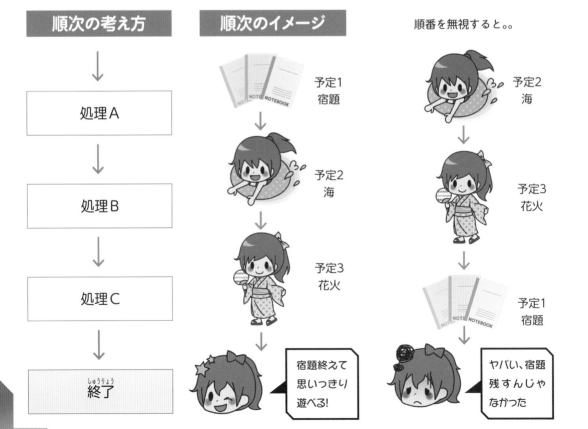

順次の考え方

処理A

処理B

処理C

終了

順次のイメージ

予定1 宿題

予定2 海

予定3 花火

宿題終えて思いっきり遊べる!

順番を無視すると。。

予定2 海

予定3 花火

予定1 宿題

ヤバい、宿題残すんじゃなかった

結果が同じこともあれば違うこともあるよ

今はまだ順次の重要性を意識しなくても大丈夫です、下の図を見て"結果を左右すこともあれば、しないこともあるんだな"くらいに見ておいてください。

処理Bと処理Cを入れ替えても結果が同じパターン

```
処理A mc.setBlock(x + 2, y , z + 4, block.WOOL.id, 1)
処理B mc.setBlock(x + 2, y , z + 5, block.WOOL.id, 2)
処理C mc.setBlock(x + 2, y , z + 6, block.WOOL.id, 3)
```

```
処理A mc.setBlock(x + 2, y , z + 4, block.WOOL.id, 1)
処理C mc.setBlock(x + 2, y , z + 5, block.WOOL.id, 3)
処理B mc.setBlock(x + 2, y , z + 6, block.WOOL.id, 2)
```

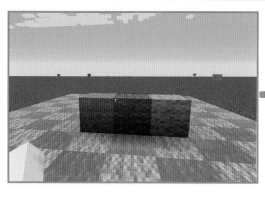
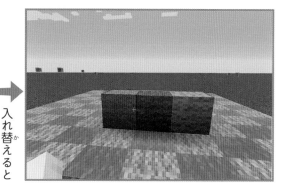

入れ替えると

ポテチの次にチョコ食べても、反対でも、お好みなのと一緒ね

処理Bと処理Cを入れ替えると結果が変わるパターン

```
処理A mc.setBlock(x + 2, y , z + 4, block.WOOL.id, 1)
処理B mc.setBlock(x + 2, y , z + 4, block.WOOL.id, 2)
処理C mc.setBlock(x + 2, y , z + 4, block.WOOL.id, 3)
```

```
処理A mc.setBlock(x + 2, y , z + 4, block.WOOL.id, 1)
処理C mc.setBlock(x + 2, y , z + 4, block.WOOL.id, 3)
処理B mc.setBlock(x + 2, y , z + 4, block.WOOL.id, 2)
```

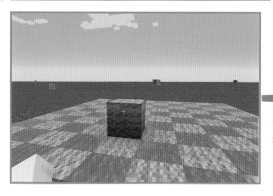
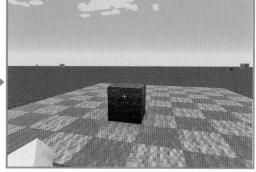

入れ替えると

歯磨きの後にりんご食べたら残念なパターンね。順番意識しないと

069

sleepを使って順次を見える化しよう

コンピュータの処理速度はめっちゃ早いので、順次を目視するのはちょっと困難です。そこで、ここではあえて時間をストップしながらコンピュータがどんな処理を実行中なのか確認してみましょう。

ブロックを1つ置いたら一旦ストップする仕組みにしたよ

そっか、どの順番で実行しているかが分かるね！

```
5   #マインクラフトに接続
6   import mcpi.minecraft as minecraft
7   from mcpi import block
8   from time import sleep
9   mc = minecraft.Minecraft.create()
```

まず【付録1】mat.pyの呪文の中にこのコードが入っていることを確認しましょう。

このコードを書くと
sleep(引数)
という関数が使えるようになります。
「引数」秒間マインクラフトの時間を止めてね、という命令になります。

次に【付録1】mat.pyの49行目から以下のように書き換えてみましょう。

```
46   ##################################
47   # ★ココの引数を書き換えてブロックを置いてみよう   ###
48
49   mc.setBlock(x, y, z, block.WOOL.id,1)
50   sleep(2)
51   mc.setBlock(x + 2, y, z, block.WOOL.id, 2)
52   sleep(2)
53   mc.setBlock(x + 2, y, z + 2, block.WOOL.id, 3)
54   sleep(2)
55   mc.setBlock(x + 4, y, z + 2, block.WOOL.id, 4)
56   ##################################
```

① 羊毛ブロック1（橙）を(0,0,0)に出す
② 2秒ストップ
③ 羊毛ブロック2（赤紫）を(2,0,0)に出す
④ 2秒ストップ
⑤ 羊毛ブロック3（空色）を(2,0,2)に出す
⑥ 2秒ストップ
⑦ 羊毛ブロック4（黄）を(4,0,2)に出す

上から順に実行する

ではプログラムを実行してブロックで順次の様子を見てみましょう。

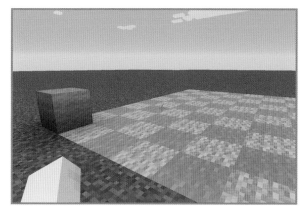

① 羊毛ブロック1(橙<ruby>だいだい</ruby>)を(0,0,0)に出す

② 2秒ストップ

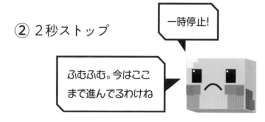

一時停止!

ふむふむ。今はここ
まで進んでるわけね

③ 羊毛ブロック2(赤紫<ruby>むらさき</ruby>)を(2,0,0)に出す

④ 2秒ストップ

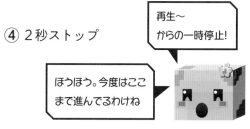

再生〜
からの一時停止!

ほうほう。今度はここ
まで進んでるわけね

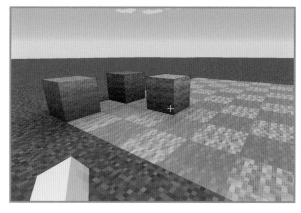

⑤ 羊毛ブロック3(空色)を(2,0,2)に出す

⑥ 2秒ストップ

⑦ 羊毛ブロック4(黄色)を(4,0,2)に出す

全部順番通りになってた!
これが順次ね♪

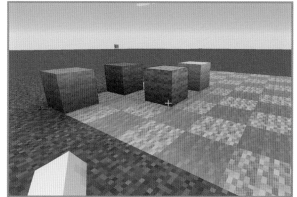

ミッションに挑戦しよう!

ブロックの出し方はもう分かったぞ!
そろそろ練習問題にチャレンジしたいな

4章からは内容のおさらいができる
ミッションを出すよ。挑戦してみてね

 ミッション1　〜空中にブロックを出してみよう〜

カラフルマットの原点(0, 0, 0)から東に2, 北に2、上に2進んだ場所に赤いブロックを出してみよう。

 こたえ

```
mc.setBlock(x + 2, y + 2, z - 2, block.WOOL.id, 14)
```

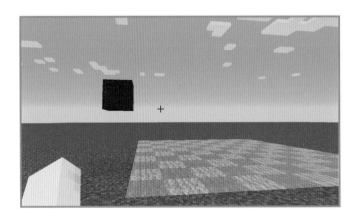

座標を考えると、東に2＝x＋2、
北に2＝z−2、上に2＝y＋2
ですね。

マットの原点(0, 0, 0)から見て
(2, 2, −2)の場所に赤ブロック
が出ました。

ゲーム内では一発で空中にブロックを設置するのは不可能なのに、これからはコマンド1つで出現です!!
これぞPythonからマインクラフトを操る凄さと楽しさです。

ミッション2　〜ブロックを順番に並べて階段を作ろう〜

カラフルマットの(0, 0, 0)から東に向かって1つづつ階段状にブロックを出してみよう。

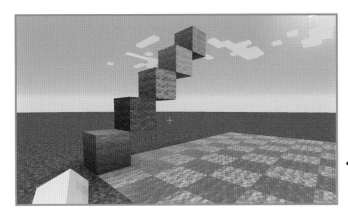

こんな感じに階段状にブロックを出すコードを書いてみてね。

ブロックの数も、色も好きにアレンジしてね〜

 ## こたえ（例）

上の写真と同じ階段状ブロックを設置する場合はこのようになります。

mc.setBlock(x, y, z, block.WOOL.id, 1)
mc.setBlock(x + 1, y + 1, z, block.WOOL.id, 2)
mc.setBlock(x + 2, y + 2, z, block.WOOL.id, 3)
mc.setBlock(x + 3, y + 3, z, block.WOOL.id, 4)
mc.setBlock(x + 4, y + 4, z, block.WOOL.id, 5)

階段状にするために、x軸方向とy軸方向の両方に座標を1づつ増やしたわけね〜

フラワーハントゲーム

ここまでの知識だけでゲームを
作るなんて無理じゃな〜い??

プログラミングは工夫次第で面白いものを
作れるところ見せてあげる!

【付録3】をダウンロードして遊んでみよう

【付録3】flower_hunt.py

http://idea-village.com/minecraft/
supplements/dl.php?flower_hunt.py

「順次」と「メソッド」のおさらいをしながら、ここまでの知識でゲームに仕立てることだって可能ですよ。

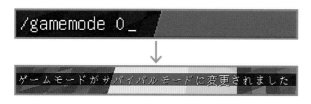

❶ 左のQRコードを読み込むか、URLにアクセスして「**flower_hunt.py**」ファイルをダウンロードし、Pythonファイルの保存先に保存

❷ コマンド画面に「/gamemode 0 」（サバイバルモードに切り替える）と入力して「Enter」をタップ

❸ コマンド画面から「/py flower_hunt 」と入力して「Enter」をタップで実行

ポピーの花が現れます。どれも3秒で消えてしまうので、見つけたら花に向かってダッシュ! 花を手でヒットしましょう♪

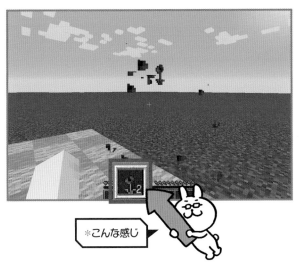

＊こんな感じ

花が消える前にヒットすれば花が獲得できます。
こんな感じに＊花の数がカウントされるので、何本取れるか遊んでみてね。

サバイバルモードは敵に襲われるので、コマンド画面に
「/gamemode 1」（クリエイティブモードに切り替える）と入力してモードを戻しておくと良いでしょう。

【付録3】flower_hunt.pyの仕組みを見てみよう

何故ポピーの花が現れては消えていくのかカラクリを見てみましょう。

```
48  # 花を出す
49  mc.setBlock(x + 1, y + 1, z + 1, 38)
50  # 三秒時間をストップ
51  sleep(3)
52  # 花を消す
53  mc.setBlock(x + 1, y + 1, z + 1, 0)
54
55  mc.setBlock(x + 1, y + 1, z + 5, 38)
56  sleep(3)
57  mc.setBlock(x + 1, y + 1, z + 5, 0)
58
59  mc.setBlock(x + 2, y + 1, z + 3, 38)
60  sleep(3)
61  mc.setBlock(x + 2, y + 1, z + 3, 0)
62
```

ポピーを(1,1,1)に出す
3秒ストップ
エアーブロックを(1,1,1)に出す
ポピーを(1,1,5)に出す
3秒ストップ
エアーブロックを(1,1,5)に出す
ポピーを(2,1,3)に出す
3秒ストップ
エアーブロックを(2,1,3)に出す

上から順に実行する

mc.setBlock(x + 1, y + 1, z + 1, 38)

同じ座標にエアーブロックを出して、ポピーを打ち消している

mc.setBlock(x + 1, y + 1, z + 1, 0)

ここで新たなブロック引数を利用しています。ブロックid38はポピーブロックの引数です。

ブロックid 0は空洞の引数です。空間を作るときや、ブロックを消したいときに利用すると便利です。

ブロックは「block.WOOL.id,1」と指定することもあれば、「38」と指定することもあるんだね

ブロックのidはいっぱいあるよ。よく使いそうなidを次のページで紹介するね

まずは引数を1つ使うタイプのブロック一覧。引数に番号を書くだけでOK。他にもいっぱいあるから引数を色々入れて何が出るか試しても楽しいよ!

知っていると楽しいブロックの引数

id一覧

0	空気	22	ラピスラズリ	50	松明
2	芝	30	クモの巣	51	炎
6	苗木	37	タンポポ	54	チェスト
7	岩盤	40	赤キノコ	57	ダイヤモンド
8	水流	41	金ブロック	65	はしご
9	止まった水	46	TNT	66	レール
10	溶岩	47	本棚	76	レッドストーントーチ
18	葉	49	黒曜石	92	ケーキ

お次は、引数を2つ使って色や岩の種類を細かく指定できるブロック一覧。1つ目にブロックの引数を書いて、2つ目にid番号を書くと色や岩の種類を変更できるよ

ステンドグラスブロックの引数

block.STAINED_GLASS.id, id番号

id一覧

0	白	8	薄灰色
1	橙	9	青緑
2	赤紫	10	紫
3	空色	11	青
4	黄色	12	茶色
5	黄緑	13	緑
6	ピンク	14	赤
7	灰色	15	黒

岩ブロックの引数

block.STONE.id, id番号

id一覧

1	花崗岩
2	磨かれた花崗岩
3	閃緑岩
4	磨かれた閃緑岩
5	安山岩
6	磨かれた安山岩

第5章

ブロックをまとめて置いてみよう

本章では大型建築に挑戦していきましょう。メソッドを活用すれば大きな建物が一瞬で出せる凄さを味わえますよ！プログラミングの基礎その2「分岐」も学んでいきましょう。

本章のクエスト

コード1つでスゴイもの出してみせるよ！

スタート！

ブロックをまとめて設置

プログラミングの基礎その2「分岐」を学ぶ

ミッションにチャレンジ！

完了〜！

今度はガチャまで作れちゃうの!?

ブロックガチャで遊ぶ

ゴール！

複数のブロックを まとめて設置してみよう

ブロックをドカーンと
並べて大きなもの
作ってみたいな〜

マイクラと言えば建築だも
んね! 見てて、コード1つ
でバベルの塔を出すよ♪

第4章ではブロックの座標を1つづつ指定して設置していましたが、mcpiのメソッドにはまとめて
ブロックを設置するものもあります。大規模な建築をする時に便利なので早速使ってみましょう。

石の塔を建ててみよう

まずはお手本通りにコードを書いてみましょう。

```
1  import mcpi.minecraft as minecraft
2  from mcpi import block
3  mc = minecraft.Minecraft.create()
4
5  player_pos = mc.player.getTilePos()
6
7  x = player_pos.x
8  y = player_pos.y
9  z = player_pos.z
10
11 mc.setBlocks(x + 2, y, z + 2, x + 2, y + 30, z + 2, block.STONE.id, 3)
12
```

マインクラフトを呼び出す

プレイヤーの座標取得と設定

複数の
ブロックを
設置

ブロックの始点　　　　　　ブロックの終点

P58のお手本と何が違うっての!? と思いますね、
11行目、良く見て下さい。

| 11 | mc.setBlocks(x + 2, y, z + 2, x + 2, y + 30, z + 2, block.STONE.id, 3) |

ココです

Blockのあとに「s」が付いています。複数形になっているので、ブロックをいくつも並べるのかな？と
想像がつきますね。たった1文字違うだけでメソッドは異なるはたらきをします。
引数はブロックの始点と終点、ブロックの種類からなっています。実際に見る方が分かりやすいのでプ
ログラムを実行してみましょう。

すると、どどーーーん!!
と天にそびえ立つ石の塔が現れました。

mc.setBlocks( )メソッドで座標
(2,0,2)から(2,30,2)まで石(閃緑岩)を
設置してね、と命令しています。

11行目を下のように書き換えれば、

```
11   mc.setBlocks(x + 2, y, z + 2, x + 10, y + 8, z + 10, block.STONE.id, 3)
```

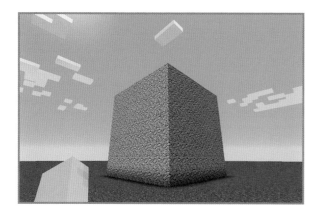

どん！
四角い岩のかたまりが出現します。

豆腐建築の基礎工事が、たった1行のメ
ソッドでできてしまいます。

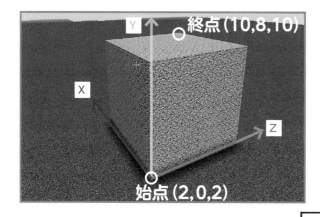

終点(10,8,10)

始点 (2,0,2)

どんな感じにできているのか上から回
り込んで見てみましょう。
始点となる座標(2,0,2)から終点となる
座標(10,8,10)まで岩がみっちり設置
されています。

岩に踏みつぶされない
ように自分からちょっ
と離れた(2,0,2)から
設置したよ

079

ネザーの入口を出現させる

"ネザー"は地上と違う異世界が広がっているの♪地下世界へ探検に行くような感じヨ!

メソッドを使ったブロック設置は建築物だけではなく、工夫次第でアイテムに昇華させることだってできちゃうんです。ここではネザーゲートを出現させる方法について紹介しますヨ。ここもお手本通りにコードを書いてみましょう。

```
1   import mcpi.minecraft as minecraft
2   from mcpi import block
3   from time import sleep
4   mc = minecraft.Minecraft.create()
5
6   player_pos = mc.player.getTilePos()
7
8   x = player_pos.x
9   y = player_pos.y
10  z = player_pos.z
11
12  mc.setBlocks(x + 4, y + 1, z + 1, x + 4, y + 1, z + 9, 49)
13  mc.setBlocks(x + 4, y + 8, z + 1, x + 4, y + 8, z + 9, 49)
14  mc.setBlocks(x + 4, y + 2, z + 1, x + 4, y + 7, z + 1, 49)
15  mc.setBlocks(x + 4, y + 2, z + 9, x + 4, y + 7, z + 9, 49)
16
17  sleep(3)
18
19  mc.setBlock(x + 4, y + 4, z + 4, 51)
20
```

- マインクラフトを呼び出す
- プレイヤーの座標取得と設定
- ① 黒曜石を(4,1,1)から(4,1,9)に設置
- ② 黒曜石を(4,8,1)から(4,8,9)に設置
- ③ 黒曜石を(4,2,1)から(4,7,1)に設置
- ④ 黒曜石を(4,2,9)から(4,7,9)に設置
- 3秒ストップ
- ⑤ 火打石を(4,4,4)に設置

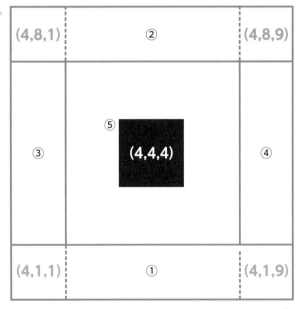

ブロックは左図の順番でコードを書きました。
順番は特に気にせずに、黒曜石(id49)の外枠ができればOKです。

枠を設置してから、火打石(id51)を設置することにしました。

ではプログラムを実行してみましょう。

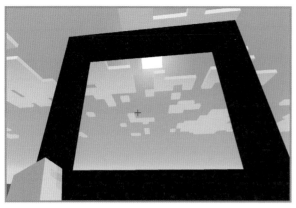

まず、黒曜石の枠が出現します。

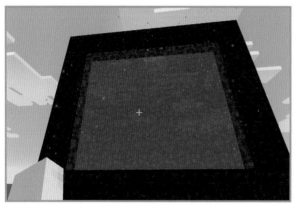

次に、枠の中に火打石を設置すると。。

おぉ!! ネザーゲートが出現です!

プログラムから出した
ネザーもちゃんと使え
るから、入ってみてね!

キラキラ光る枠の中に
入ってみましょう。

ネザーは座標の仕組み
が違うよ。同じコードで
ゲートは開かないから、
帰り道は気をつけて

ゲートをくぐって
奥に進むと…

ネザーが広がって
います。

プログラミングの基礎その2 [分岐]

> 分岐って
> なんだ??

> もし○○ならAに進む
> もし△△ならBに進む
> って場合分けすることだよ

コンピュータは条件によって違う命令を実行できるよ

プログラミングの基礎その2は「**分岐**」です。"真(True)ならYesに進む、偽(False)ならNoに進む" のように条件によってプログラムの進む方向を変えることです。ひらたく言うと、パターンAとパターンBに場合分けしたいときに利用します。

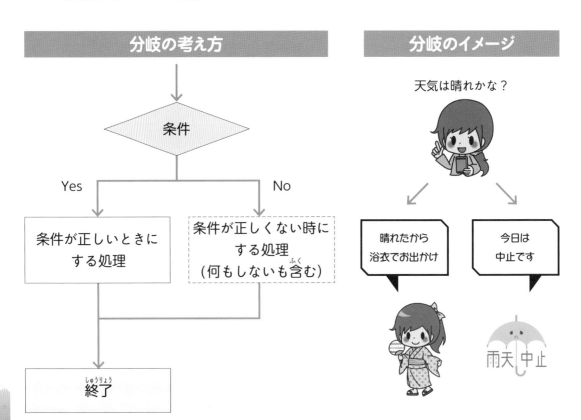

分岐の考え方

条件

Yes　　　　　　　　　　　　No

条件が正しいときに
する処理

条件が正しくない時に
する処理
(何もしないも含む)

終了

分岐のイメージ

天気は晴れかな?

晴れたから
浴衣でお出かけ

今日は
中止です

雨天中止

簡単なif文を書いてみよう

分岐のプログラムを書くときは「if」という構文を使います。

まずはお手本通りにコードを書いてみて下さい。実行するのはちょっと待ってね。

先にプログラムの中をざっと見てみましょう。

```
1   import mcpi.minecraft as minecraft          ┐
2   from mcpi import block                         マインクラフトを呼び出す
3   mc = minecraft.Minecraft.create()          ┘
4
5   player_pos = mc.player.getTilePos()        ┐
6
7   x = player_pos.x                              プレイヤーの座標取得と設定
8   y = player_pos.y
9   z = player_pos.z                           ┘
10
11  score = 3  ①
12
13  if score < 5:
14      mc.setBlocks(x + 3, y + 1, z , x +4 , y + 3, z + 2, 41) ②
15      mc.postToChat("true")
16  else:
17      mc.postToChat("fales")                                    ③
18
```

① で条件の基準になる値を与えます

11	score = 3

scoreという変数を作って「3」を代入しています。

② で条件を判断します

13	if score < 5:
14	mc.setBlocks(x + 3, y + 1, z , x +4 , y + 3, z + 2, 41)
15	mc.postToChat("true")

もしもスコアが5未満（真）なら、

　金ブロック（ブロックid41）を設置する

　チャット画面に「true」と出す　　としました。

③ で条件に合わなかったときのことを決めます

16	else:
17	mc.postToChat("fales")

それ以外（スコアが5以上（偽））なら

　チャット画面に「false」と出す　　としました。

目で見れば分岐もナットク

前ページで焦ったあなた、大丈夫です！スコアの値を変えながらマイクラ画面内で確認していけば、直感的に分岐の意味が分かります。
ではお待たせしました、実行してみましょう。

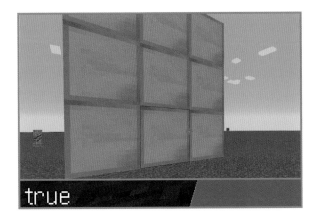

if と書かれている場所で
score ＜5について判断します。

3＜5は正しい（真）ので ② のif文の内容（14,15行目）が実行されます。

このように金ブロックが設置され、「true」と表示されます。

次に ① の部分（11行目）を score ＝10に書き換えてから実行してみましょう。

＊違いが分かるように周りにモノが無いところで確認してネ

② のif と書かれている場所で
score ＜5について判断します。

10＜5は成り立たない（偽）ので ③ の else の内容（17行目）が実行されます。

このように「false」と表示されます。

ナルホド〜、スコアの値を見て実行する内容を決めているのね！

ね! 場合分けってこういうことよ♪

分岐の書き方

if文を使うときには共通のお作法があります。ポイントを確認しておきましょう。先ほど実行したプログラムと照らし合わせながら見てもOK。

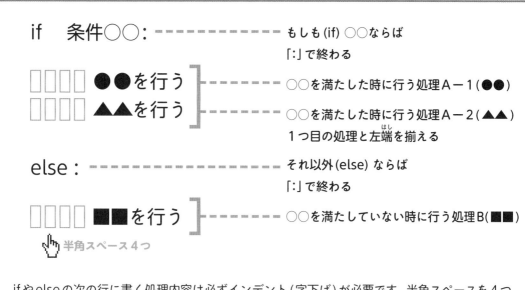

if　条件○○：──────── もしも (if) ○○ならば
「:」で終わる

□□□□ ●●を行う ── ○○を満たした時に行う処理A-1(●●)
□□□□ ▲▲を行う ── ○○を満たした時に行う処理A-2(▲▲)
1つ目の処理と左端を揃える

else：──────── それ以外 (else) ならば
「:」で終わる

□□□□ ■■を行う ── ○○を満たしていない時に行う処理B(■■)

半角スペース4つ

ifやelseの次の行に書く処理内容は必ずインデント(字下げ)が必要です。半角スペースを4つ空けて書くとインデントになります。こうするとコンピュータはその部分を1つのブロック(かたまり)と判断します。

処理A-1、2か処理B
どちらかが実行された
ら終了だよ

if 文でよく使う比較演算子

「if」の後に書く条件は大小を比べる「<」だけではなく他にもこのようなものが使われることがあります。

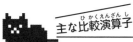

主な比較演算子

○<△	○が△より小さい(未満)	○<=△	○が△以下
○>△	○が△より大きい	○>=△	○が△以上
○==△	○と△が等しい	○!=△	○と△が異なる

条件がたくさんあるときもif文を活用するよ

条件はif（条件A）とelse（それ以外）だけの2パターンよりもっと細かく分けることもできます。条件をA, B、、それ以外と増やしたい場合は下の図のように分けてあげます。

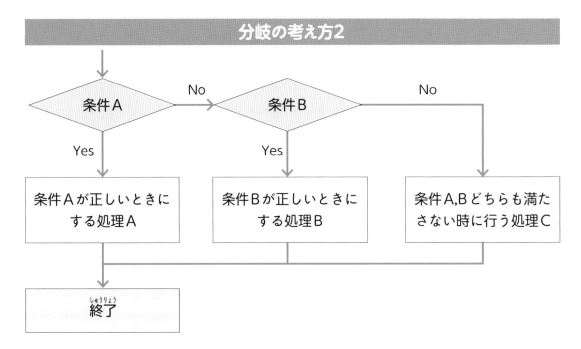

条件を3つ以上にする書き方

考え方や書き方のお作法ははここまでの条件分岐と同じです。増やしたい**条件を「elif」の部分で増や**すと考えればOKです。

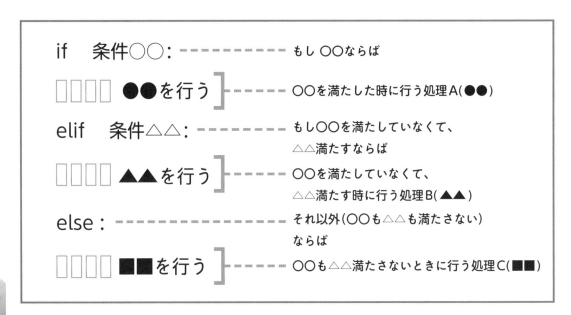

条件を3パターンにして実行してみよう

P83で書いたコードの12行目以降を下のように書き換えて実行してみましょう。

※実行中は座標が変わらない様に移動しないでね！

```
14  if score < 5:
15      mc.setBlocks(x - 2, y + 1, z - 1, x - 2, y + 7, z + 2, block.WOOL.id,14)
16  elif score == 5:
17      mc.setBlocks(x - 2, y + 1, z + 3, x - 2, y + 7, z + 6, block.WOOL.id,0)
18  else:
19      mc.setBlocks(x - 2, y + 1, z + 7, x - 2, y + 7, z + 10, block.WOOL.id,11)
20  |
```

score = 3
で実行すると
score ＜5
を満たすので
赤い羊毛ブロックが(-2,1,-1)から(-2,7,2)
まで設置されました。

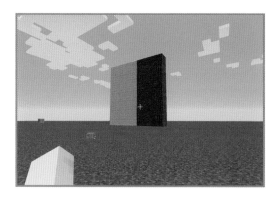

score = 5
で実行すると
score ＜5を満たさないので
elif に進みます。
score == 5
を満たすので
白い羊毛ブロックが(-2,1,3)から(-2,7,6)
まで設置されました。

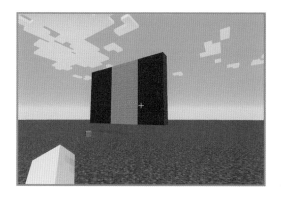

score = 10
で実行すると
score ＜5を満たさないし
score == 5も満たさないので
else に進みます。
青い羊毛ブロックが(-2,1,7)から(-2,7,10)
まで設置されました。

ミッションに挑戦しよう！

ミッション3　〜空間のある建物を建てよう〜

写真のように屋根のある建物を作ってみよう。
ブロックの材料はお好みでいいよ♪

こたえ（例）

mc.setBlocks(x + 6, y, z - 6, x + 12, y + 10, z + 8, block.STONE.id, 3)
sleep(3)
mc.setBlocks(x + 6, y, z - 5, x + 11, y + 9, z + 7, 0)

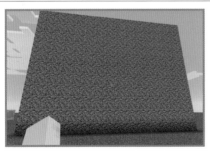

setBlocks()メソッドを使って、岩の大きな塊を出して

見やすいように3秒後にエアーブロックで空間を作りました

ミッション4 〜条件によって異なるブロックを出そう〜

分岐で使ったプログラムを書き換えて、図の
ようにスコアによって異なるブロックが積み
あがるプログラムを作ってみよう。

ココとココはブロッ
クidを91と86にす
ると楽しいよ

スコア条件

スコア<8のとき設置

スコア＝8のとき設置

スコア＝9のとき設置

スコア＝10のとき設置

スコア>10のとき設置

 ## こたえ（例）

```
score = 11

if score > 10:
    mc.setBlocks(x + 1 , y , z + 1 , x + 1 , y , z + 1, 1)
elif score == 10:
    mc.setBlocks(x + 1 , y + 1 , z + 1 , x + 1 , y + 1, z + 1, 4)
elif score == 9:
    mc.setBlocks(x + 1 , y + 2, z + 1 , x + 1 , y + 2, z + 1, 98)
elif score == 8:
    mc.setBlocks(x + 1 , y + 3, z + 1 , x + 1 , y + 3, z + 1, 91)
else:
    mc.setBlocks(x + 1 , y + 4, z + 1 , x + 1 , y + 4, z + 1, 86)
```

※ブロックは1つづつしか出さないので、mc.setBlock()メソッドを使ってもOK！

実行結果の例は次のページで→

例えばScore ＝ 11 で実行すると
スコア＞10を満たすので
(1,0,1)にブロックid 1(石)が設置されます。

Score ＝ 10 に書き換えて実行すると
スコア＝＝10を満たすので
(1,1,1)にブロックid 4(丸石)が設置されます。

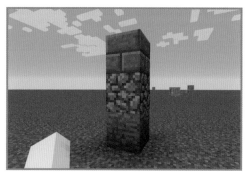

Score ＝ 9 に書き換えて実行すると
スコア＝＝9を満たすので
(1,2,1)にブロックid98(石レンガ)が設置され
ます。

Score ＝ 8 に書き換えて実行すると
スコア＝＝8を満たすので
(1,3,1)にブロックid91(ジャックオーランタ
ン)が設置されます。

Score ＝ 7 に書き換えて実行すると
上記条件を満たしていないので
(1,4,1)にブロックid86(カボチャ)が設置されます。

トーテムポール
が出現だー

ブロックガチャ

ガチャっていうこと
は、何が出るかわ
からないの!?

そうよ、
【付録4】lot7.py
で運試ししてみて♪

【付録4】をダウンロードして遊んでみよう

【付録4】lot7.py

http://idea-village.com/minecraft/
supplements/dl.php?lot7.py

「分岐」をちょっと工夫して使えば、ガチャやおみく
じなんかを作ることもできますよ。

today's lucky color is pink

today's lucky color is blue

❶ 左の QR コードを読み込むか、URL
にアクセスして「lot7.py」ファイルを
ダウンロードし、Python ファイルの保
存先に保存

❷ コマンド画面から
「/py lot7」と入力して「Enter」をタッ
プで実行

羊毛ブロックが出現して、チャット画面
に「今日のラッキーカラーはピンク」と
メッセージが出ています。

もう一度実行してみましょう。
今度は青が出てきました。
チャット画面も「今日のラッキーカラー
はブルー」となっています。

ホントだ! 実行するた
びに違う色が出る!!

【付録4】lot7.pyの仕組みを見てみよう

ブロックの色をランダムで出現させるプログラムは、条件分岐にひと手間加えるだけで作れます。仕組みを知りたいそこのキミ！ココを読んでぜひ自己流にアレンジしてみてね！

```
15  fortune = [1, 2, 3, 4, 5, 6]
16  random.choice(fortune)
17  No = random.choice(fortune)
18
19  if No == 1:
20      mc.postToChat("today's lucky color is orange")
21      mc.setBlock(x + 2, y, z + 4, block.WOOL.id,No)
22  elif No == 2:
23      mc.postToChat("today's lucky color is purple")
24      mc.setBlock(x + 2, y, z + 4, block.WOOL.id,No)
25  elif No == 3:
26      mc.postToChat("today's lucky color is blue")
27      mc.setBlock(x + 2, y, z + 4, block.WOOL.id,No)
```

★新しい構文
「リスト」に1～6を入れておき
「ランダム関数」でいずれかを取り出す

条件分岐

15	fortune = [1, 2, 3, 4, 5, 6]

変数に複数のデータを入れて使いまわしたい場合は「リスト」を使うと便利です。

ここでは「fortune」というリストを作って1～6の「要素」をまとめて入れておきました。

16	random.choice(fortune)

次に「random.choice()」関数を使って、リストの中の要素をランダムに取り出します。1～6のどれかが自動で選ばれます。

17	No = random.choice(fortune)

選ばれた要素をこのあと条件分岐の部分で使うので、変数「No」に代入しました。

19	if No == 1:
20	mc.postToChat("today's lucky color is orange")
21	mc.setBlock(x + 2, y, z + 4, block.WOOL.id,No)

もしも、Noの値が1ならば、

チャット画面に"今日のラッキーカラーはオレンジ"と表示して

羊毛ブロックのid 1（オレンジ）を設置する、と処理の内容を書きました。

以降の条件は同様にして、elifとelseの部分で決めています。

ランダムに選ばれる数字を利用してガチャにしたんだね！

そう！ 毎回サプライズでラッキーカラーが決まるってこと。お友達とも遊んでみて♪

第6章

ブロックで巨大建築をしてみよう

本章では映え系建築に挑戦していきましょう。プログラミングの基礎その3「反復」を使えばカラフルで複雑な建築物もメソッド1つで設置することができちゃいます。

本章のクエスト

スタート！

階段だって、ピラミッドだってメソッド1つで作れちゃう♪

プログラミングの基礎その3「反復」を学ぶ → 反復と変数の組み合わせスゴ技を知る

ミッションにチャレンジ！

ビーコンだって一発で出せるよ!

ビーコンを出現させる

完了〜!

ゴール！

プログラミングの基礎その3 「反復」

反復って
なに???

同じ処理を繰り返すことよ。
変数と組み合わせるとスゴイ
から見ててね

ブロックを繰り返し出して「反復」を理解しちゃおう

プログラミングの基礎その3は「反復」です。同じ処理を何度もして欲しい時に大いに役立ちます。2回だろうと、2,000回だろうとコンピュータは間違うことなく処理を繰り返し行ってくれます。なんて便利！

回数を指定して繰り返す方法と、リストの要素に従って繰り返す方法、などがあります。

反復の考え方

繰り返しの条件
（回数またはリスト）

↓

処理

↓

終了

反復のイメージ

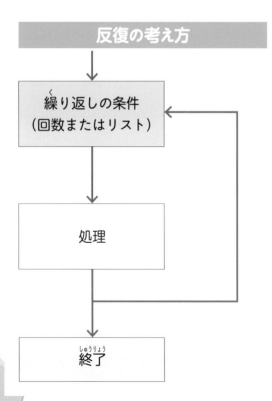

ラジオ体操
8/5〜10

毎朝参加!

8/5〜10
の期間中は
繰り返す

皆勤賞!

STAMP CARD

回数を指定したfor文

反復のプログラムを書くときは「for」という構文を使います。

まずは回数を指定して繰り返す方法です。お手本のようにコードを書いてみましょう。

```
 1  import mcpi.minecraft as minecraft
 2  from mcpi import block
 3  from time import sleep
 4  mc = minecraft.Minecraft.create()
 5
 6  player_pos = mc.player.getTilePos()
 7
 8  x = player_pos.x
 9  y = player_pos.y
10  z = player_pos.z
11
12  for i in range(5):  ①
13      sleep(3)
14      mc.setBlocks(x, y + i, z, x + 2, y + i, z + 2,block.WOOL.id, i)  ②
```

マインクラフトを呼び出す

プレイヤーの座標取得と設定

① で繰り返しの条件を決めます

12	for i in range(5):

ここでは変数「i」について5回繰り返すよ、としています。

② は繰り返す処理です

14	mc.setBlocks(x, y + i, z, x + 2, y + i, z + 2,block.WOOL.id, i)

引数の中の「i」に0〜4を順番に代入して計5回処理を行うよ、としています。

リストを用いたfor文

① と ② の部分を以下のように書いたプログラムも準備しておいてください。両方実行して見比べると違いが簡単に理解できます。

① でリストを作ってから繰り返しの条件を決めます

12	ID = [3, 1, 2, 4, 0]
13	for i in range(5):

IDというリストを書き加えました。ブロック設置で利用します。

② は繰り返す処理です

15	mc.setBlocks(x, y + i, z, x + 2, y + i, z + 2,block.WOOL.id, ID[i])

こちらも「i」に0〜4が順番に代入されますが、最後の引数がID[i]になっていますね。ここに入る値はリストの要素が順番に入るよ、としています。

全然意味わかんない! 早く画面で見せて!!

目で見れば回数指定もリストもナットク

前ページでまたまた焦ったあなた、大丈夫です！マイクラ画面内で確認していけば、直感的に繰り返しの意味も分かります。1つ目の回数指定のfor文と2つ目のリストのfor文を順番に実行してみましょう。

回数指定したfor文の実行結果

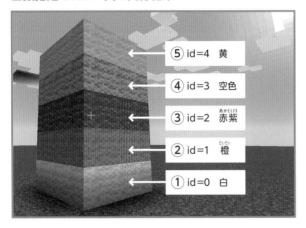

⑤ id=4 黄
④ id=3 空色
③ id=2 赤紫
② id=1 橙
① id=0 白

① iに0が代入されます。
(0,0,0)〜(2,0,2)にid＝0（白）のブロックが設置されます。

② 1回目の処理が終わったら2回目に入り、i=1が代入されます。
(0,1,0)〜(2,1,2)にid＝1（橙）のブロックが設置されます。

③〜⑤ 以降同じようにi=2〜4までが順に代入されて合計5回メソッドが実行されます。

リストを用いたfor文の実行結果

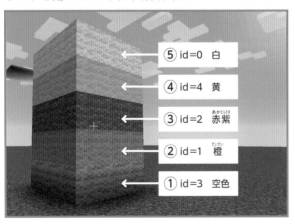

⑤ id=0 白
④ id=4 黄
③ id=2 赤紫
② id=1 橙
① id=3 空色

① iに0、ID[i]=3が代入されます。
(0,0,0)〜(2,0,2)にid＝3（空色）のブロックが設置されます。

② 1回目の処理が終わったら2回目に入り、i=1、ID[i]=1が代入されます。
(0,1,0)〜(2,1,2)にid＝1（橙）のブロックが設置されます。

③〜⑤ 以降同じようにi=2〜4、ID[i]=2,4,0が順に代入されて合計5回メソッドが実行されます。

どっちも下から順にブロックを積んでいるのに、色がちがう！

自分で色を指定して並べたい場合はリストを使うと良いんだね

反復の書き方いろいろ

for文を使うときにはいくつかポピュラーなパターンがあります。ここで定形を見ておきましょう。

回数を決めて繰り返す方法

for 変数 in range(回数)： ------- 繰り返す回数を指定する
「:」で終わる

□□□□ ▲▲を行う ------- 繰り返す処理(▲▲)
半角スペース4つ空ける

例1

```
for i in range(3):
    mc.setBlock(x+i, y, z, i)
```

ココの変数は「i」や「j」が使われていることが多いよ

引数に変数が含まれている場合は、必ず変数=0から順番に回数分の値が入るよ。この場合は回数=3だから、i=0,1,2と順番に代入されるよ

回数とリストを併用して繰り返す方法

リスト = [〇,◇,□]
for 変数 in range(回数)： ------- 繰り返す回数をリストと同じ数にする
「:」で終わる

□□□□ ▲▲を行う ------- 繰り返す処理(▲▲)
半角スペース4つ空ける

例2

```
ID = [2, 0, 1]
for i in range(3):
    mc.setBlock(x+i, y, z, ID[i])
```

この場合も回数=3だから、i=0,1,2と順番に代入されるところは例1と同じだよ

でも、違うのはリストを利用しているところだね。引数 ID[i] にはリストの数が順番に代入されるからID[i]=2,0,1の順になるよ

だから、ブロックを順に並べたいけど、ブロックの色は自分の決めた順にしたい時に便利なんだね!

階段を作ってみよう

では次に12行目以降をお手本のように書き替えて実行してみましょう。今度は x 座標と y 座標の両方の引数に変数「i」を登場させました。するとどうなるか見てみましょう。

12	for i in range(5):
13	sleep(3)
14	mc.setBlocks(x + i, y + i, z, x + i, y + i, z, block.WOOL.id, i+1)

① 座標(0,0,0)に id = 1 (橙)のブロックが設置されます。

② 次に座標(1,1,0)に id = 2 (赤紫)のブロックが設置されます。

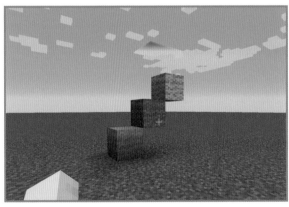

③ また1つづつ x と y 座標が増えて(2,2,0)に id = 3 (空色)のブロックが設置されます。

④ 以降同じ要領でブロックが設置されていきます。

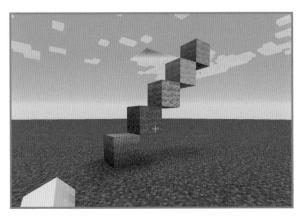

⑤ リストの中身が5つなので、最終的にブロック5つが階段状に並びます。

あれ? この階段どっかで見なかった?

for文の威力

for文を使ってプログラムを書くと、何が便利なのかここでちょっと振り返って考えてみましょう。そういえば、P73ミッション2でも階段を作りましたよね。

写真を見ると階段は同じものが設置されています。ではコードはどうでしょう。

P73のミッション2の階段
（※下にガイド用のマット有り）

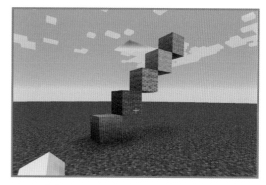

P98の階段

for文を使わない方法

mc.setBlock(x , y , z, block.WOOL.id, 1)
mc.setBlock(x + 1, y + 1, z, block.WOOL.id, 2)
mc.setBlock(x + 2, y + 2, z, block.WOOL.id, 3)
mc.setBlock(x + 3, y + 3, z, block.WOOL.id, 4)
mc.setBlock(x + 4, y + 4, z, block.WOOL.id, 5)

同じ内容をfor文を
使って書き換えると...

for文を使う方法

```
for i in range(5):
    mc.setBlocks(x + i, y + i, z, x + i, y + i, z, block.WOOL.id, i+1)
```

一気にスッキリしますね。階段が5段だけなので1つづつブロックを設置する方法もイケますが、50段にしたい時を想像してみましょう。for文のありがたさが分かりますね。

巨大系の建築には
もってこいな感じ
がしてきたぞ～

でしょ? でしょ?
これはもう使うっ
きゃない!

逆ピラミッドを作ってみよう

ここまでできたら繰り返しの要領が分かってきたと思います。

今度は逆ピラミッドを作ってみましょう。引数にどう変数「i」を関わらせれば良いかイメージしながらお手本のように書き換えてみてください。

12	ID = [1, 2, 3, 4, 5]
13	for i in range(5):
14	sleep(3)
15	mc.setBlocks(x - i, y + i, z - i, x + i, y + i, z + i, block.WOOL.id, ID[i])

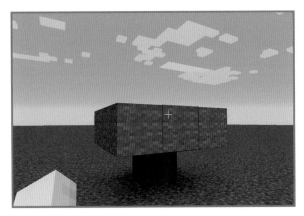

① 座標(0,0,0)～(0,0,0)にid = 1（橙）のブロックが設置されます。

② 次に座標(-1,1,-1)～(1,1,1)にid = 2（赤紫）のブロックが設置されます。

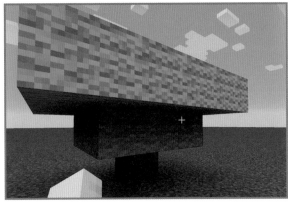

③ また1つづつx、y、z座標が変化して(-2,2,-2)～(2,2,2)にid = 3（空色）のブロックが設置されます。

④ 以降同じ要領でブロックが設置されていきます。

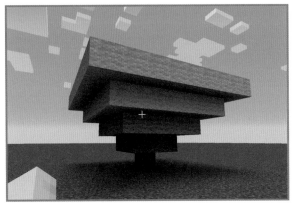

⑤ リストの中身が5つなので、最終的にブロック5つが逆ピラミッド状に並びます。

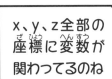

x、y、z全部の座標に変数が関わってるのね

ミッションに挑戦しよう！

ミッション5
〜カラフルなラグを
敷いてみよう〜

写真のようなカラフルな
マットを for 文を使って
作ってみましょう。

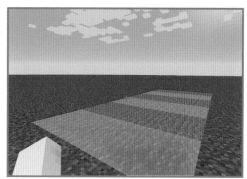

こたえ（例）

上の写真と同じマット状にブロックを設置する場合はこのようになります。

```
ID = [1, 2, 1, 2, 1, 2]
for i in range(6):
    mc.setBlocks(x + (i*2), y - 1, z, x + (i*2) +1, y - 1, z +4,block.WOOL.id, ID[i])
```

for 文が1つあるだけで、もっとカラフルなマット
も、整地の石ブロックも手軽に作れちゃいます。

ここに別荘を建てるぞ〜

例えば引数をアレンジすると…

じゃん、オシャレな
石畳の完成

ミッション6　〜ピラミッドを作ってみよう〜

写真のようなピラミッドを for 文を使って作ってみましょう。

こたえ（例）

ID = [1, 2, 3, 4, 5]
for i in range(5):
mc.setBlocks(x -4 +i, y + i, z -4 + i , x +4 -i, y + i , z +4 -i, block.WOOL.id, ID[i])

逆ピラミッドに比べて案外むつかしい。ちょっとコードを覗いてみましょう。

一番下の橙の段を (-4,0-4) から (4,0,4) に設置していますね。ブロックの数は 9 × 9 個からスタートすることになります。次ページのブロック画面で座標を確認してみましょう。

答えは一例だから、自己流で座標を工夫して書いても大丈夫だよ♪

写真通りの5段にしたい場合は、一番下のブロックが9×9になるのは共通だよ

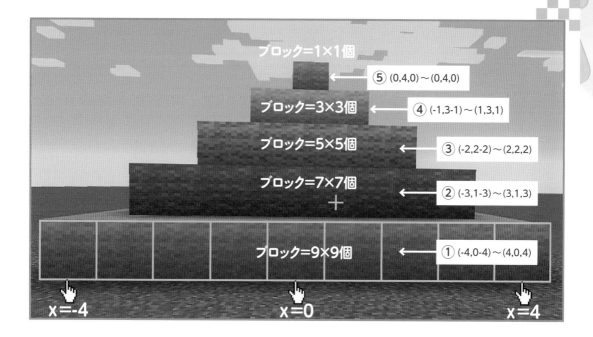

ブロック=1×1個
⑤ (0,4,0)～(0,4,0)

ブロック=3×3個
④ (-1,3-1)～(1,3,1)

ブロック=5×5個
③ (-2,2-2)～(2,2,2)

ブロック=7×7個
② (-3,1-3)～(3,1,3)

ブロック=9×9個
① (-4,0-4)～(4,0,4)

x=-4　　　　x=0　　　　x=4

まず、一番下の段にある手前のブロックの x 座標に注目してみましょう。

中心となる x=0 の両方向に x＝−4～4までブロックが設置されていますね。繰り返し処理の1回目は、8個ではなく9個ブロックが設置されるところがポイントです。

x、z 座標ともにリストの数から1引いた値を使う（x＝±4、z＝±4）と一番下の段は9×9のブロックから敷き始められます。

以降繰り返し処理2回目は7×7個、3回目は5×5個、、と5回繰り返してちょうどピッタリ綺麗なピラミッドに積み上がるという寸法です。

大掛かりな建築物を作る時は、プレイヤーの居る場所の (0,0,0) からその周りにブロックを設置してしまうと、自分がブロックの下敷きになってしまうので注意しましょう。

player_pos = mc.player.getTilePos()
x = player_pos.x + 2
y = player_pos.y
z = player_pos.z - 5

例えばこのように、mc.setBlocks() メソッドの中の引数を最初からプレイヤーの位置から離れた場所に設定してあげると安心ですよ。

座標をズラして使うことを「オフセットをかける」って言うよ

ちょっと応用 ビーコン設置

まさか、ビーコンの設置までプログラムからできちゃうの!?

うふふ♪
まぁ試してみてよ!

【付録5】をダウンロードして遊んでみよう

【付録5】beacon2.py

http://idea-village.com/minecraft/
supplements/dl.php?beacon2.py

「反復」をちょっと工夫して使えば、
またまたアイテムに早変わり♪

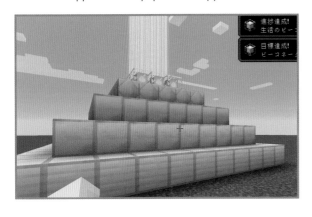

❶ 左のQRコードを読み込むか、URL
にアクセスして「**beacon2.py**」ファイ
ルをダウンロードし、Pythonファイル
の保存先に保存

❷ コマンド画面から
「/py beacon2」と入力して「Enter」
をタップで実行

すると、一発でビーコンの登場です。

スゴイ!
出てる!!

ビーコン設置に必要なブロック一覧

使える箇所	ブロック名	ブロックid
頂上	ビーコン	138
土台	エメラルド	133
	ダイヤモンド	57
	金	41
	鉄	42

土台はどの鉱石を
使ってもOKだよ。
頂上にビーコンを
置いてね

【付録5】beacon2.pyの仕組みを見てみよう

ポイントはビーコンの高さと底辺の長さを変数に代入したことです。あとはビーコンに必要なブロックidを指定するだけです。

```
ID = [42, 41, 57, 133 ,138]
```

まずブロックidのリストを作ります。

```
height = len(ID)
```

「**len()**」という関数を利用しています。この関数はリストの中身がいくつあるか調べてくれる関数です。調べたリストの数とピラミッドの高さを同じにします。

```
width = height * 2
```

ビーコンの底辺の長さを（高さ×2）にします。　※「*」は「×」の意味

```
for i in range(height):
    mc.setBlocks(x - width/2 +i , y + i, z - width/2 +i , x + width/2 -i, y + i, z + width/2 -i, ID[i])
```

リストの数の回数メソッドを実行します　※「/」は「÷」の意味

わざわざ変数に高さと底
辺の長さを代入する理由
がわかんないんだけど。。

あ!? もしや!!
変数にしておくとアレ
ができるんじゃない?

そうなんです、お好みでリストの中身だけ書き換えれば大きさや鉱石の違うビーコンを設置できるんです。見る方が早いので、【付録5】のリストだけ

```
ID = [41, 42, 57, 133, 41, 42, 57, 133 ,138]
```

と書き換えて実行してみましょう。

おぉー! もっと大きい
ビーコンが出現だー!

なるほどね〜! メソッド
の引数を書き換えなくて
済むんだね!

変数の便利さがまた
じわじわっとキタ!

第7章

オリジナルアートや
イベントを作ろう!

本章では、大きなクリーパーの顔を出現させたり、全部違う色のブロックを積んだり、スゴ技の連続です。いよいよプログラミングの真骨頂、for文の組み合わせについても学んでいきましょう。用途は無限大なので、ココが理解できればプログラミングの覇者になれますよ。

本章のクエスト

スタート!

いろんなピクセルアート作れちゃうよ〜

「反復の反復」の使い方を知る

クリーパーの顔を作ってみる

ミッションにチャレンジ!

足元には常にレッドカーペット。気分はセレブ♪

エンドレスレッドカーペットを出す

完了〜!

ゴール!

「反復」の応用「反復の反復」

反復の
反復????
もう降参!!

大丈夫だよ〜
夏休みのラジオ体操だって
反復の反復なんだから

反復の中に反復が入れ子(ネスト)になっていることを指すよ

　　反復処理は1回ではなく、**重ねて何度も反復させることもできます**。**入れ子(ネスト)**状態になっている反復処理が終わったら、外側の反復処理をする、というものです。下の図を見ながらどういうことなのか確認してみましょう。2つ目の反復が入れ子になります。1つ目の反復の中に2つ目の反復が入っていますよ、という事を意味しています。

反復の反復の考え方

```
                            1つ目の反復
┌─────────────────────────────────┐
│  ❶ 繰り返しの条件1  ◀──────────┐ │
│  ┌──────────────── 2つ目の反復 ┐│ │
│  │ ❷ 繰り返しの条件2  ◀────┐  ││ │
│  │                         │  ││ │
│  │ ❸ 処理2              ───┘  ││ │
│  └───────────────────────────┘│ │
│  ❹ 処理1                ───────┘ │
└─────────────────────────────────┘
           ❺ 終了
```

反復のマトリョーシカ
みたいなもんだよ

反復の中に
反復

2つの反復構造を理解しておこう

　左ページの模式図を見て、複雑さが増して何のこと?? と感じても大丈夫です。全く心配ありません、最初はざっくりイメージだけでOKです。マイクラ画面で確認する前にちょっとイラストでも見てみましょう。P94に出てきたラジオ体操に入れ子で反復が入るとこんな感じです。

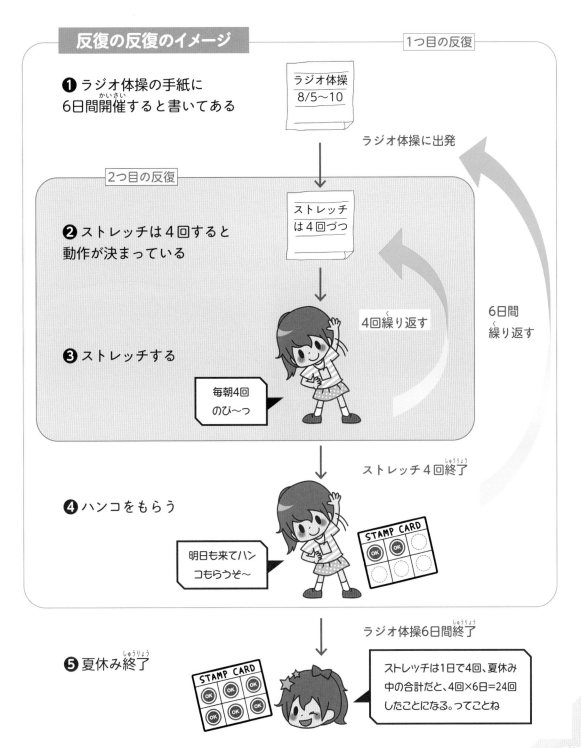

反復の反復のイメージ

1つ目の反復

❶ ラジオ体操の手紙に
6日間開催すると書いてある

ラジオ体操
8/5〜10

ラジオ体操に出発

2つ目の反復

❷ ストレッチは4回すると
動作が決まっている

ストレッチ
は4回づつ

❸ ストレッチする

4回繰り返す

6日間
繰り返す

毎朝4回
のび〜っ

ストレッチ4回終了

❹ ハンコをもらう

STAMP CARD

明日も来てハン
コもらうぞ〜

ラジオ体操6日間終了

❺ 夏休み終了

STAMP CARD

ストレッチは1日で4回、夏休み
中の合計だと、4回×6日＝24回
したことになる。ってことね

ネストの処理の順番をマイクラ画面で確認

では、お手本のように書いてみて下さい。実行して画面で処理の順番を見てみましょう。

ここでは、観察しやすくするためにオフセットをかけた(x,y,z)座標を原点(0,0,0)とみなしますね。

```
1  import mcpi.minecraft as minecraft
2  from mcpi import block
3  from time import sleep
4  mc = minecraft.Minecraft.create()
5
6  player_pos = mc.player.getTilePos()
7
8  x = player_pos.x + 2
9  y = player_pos.y
10 z = player_pos.z - 5
11
12 for i in range(5):
13     for j in range(5):
14         sleep(1)
15         mc.setBlock(x + j, y + i, z, block.STAINED_GLASS.id, j)
```

マインクラフトを呼び出す

プレイヤーの座標取得と設定

1つ目のfor文

2つ目のfor文

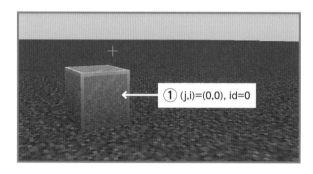

① (j,i)=(0,0), id=0

① ネストの時も順次の考え方が大前提になります。上から順にコードを見るとまず、外側(1つ目)のfor文に突入して、i=0が代入されます。次に進んで、ネスト(2つ目)のfor文に突入して、j=0が代入されます。メソッドの引数はi=0、j=0で1回目の処理が始まります。

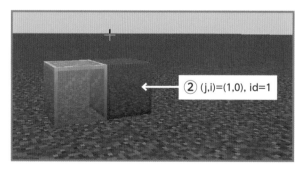

② (j,i)=(1,0), id=1

② 次にネストのfor文の引数にj=1が代入されます。
メソッドの引数はi=0、j=1で2回目の処理が始まります。

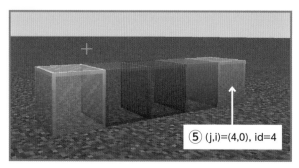

⑤ (j,i)=(4,0), id=4

③ 〜 ⑤ この調子でネストのfor文の引数の数(ここではj=4)まで繰り返し処理をします。

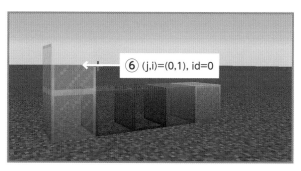

⑥ (j,i)=(0,1), id=0

⑥ ネストがひとめぐりしたので、次に外側のfor文の2回目に入ります。外側でi＝1が代入されてから、ネストに突入してj=0が代入されます。

⑦ 〜 ㉔ 同様にして繰り返し処理が行われていきます。

㉕ (j,i)=(4,4), id=4

㉕ 最終的にi=4,j=4までメソッドの処理が行われて、5×5のブロックが設置されました。

i (4,0)　　　(4,4)

(0,0)　　　(0,4)　j

(x,y)座標を繰り返し処理のネストで表現したので、(x,y)=(j,i) となり左図のようになっているわけですね。
見やすさの為にx軸(j)方向に向けて色分けしたので、ブロックidが横軸に向けて変化しています。

座標(x,y)=変数(j,i)って言われるとなんか分かる気がするナ

ネストでリストを参照する方法

ネストの場合もリストを参照して繰り返し処理することが可能です。左ページと同じ処理をする場合、下記のようにコードを書いてもOKです。

12	ID = [0,1,2,3,4]
13	for i in range(len(ID)):
14	for j in range(len(ID)):
15	sleep(1)
16	mc.setBlock(x + j, y + i, z, block.STAINED_GLASS.id, ID[j])

リストにリストを入れる

for文にfor文を入れられるなら、リストにリストを入れることだってできるんじゃないの!? と思いませんか? 大正解！できますよ♪ という事は縦横自在に好きなブロックを設置できそうですよね。早速お手本通りに書いて実行してみましょう。

1つ目のリスト　　　　　　　2つ目のリスト

```
16  ID = [
17      [ 5,  5, 15,  5,  5, 15, 13,  5],    2つ目のリスト❶
18      [ 0,  5, 15, 15, 15, 15,  5, 13],    2つ目のリスト❷
19      [ 5, 13, 15, 15, 15, 15,  5,  0],    2つ目のリスト❸
20      [ 5,  5,  5, 15, 15,  5, 13,  5],    2つ目のリスト❹
21      [ 5, 15, 15,  5,  5, 15, 15,  5],    2つ目のリスト❺
22      [ 5, 15, 15, 13,  5, 15, 15,  0],    2つ目のリスト❻
23      [13,  5,  5,  5, 13,  5,  5,  0],    2つ目のリスト❼
24      [ 0, 13,  5,  5,  0,  5,  5, 13]     2つ目のリスト❽
25  ]
26
27  for i in range(len(ID)):               iは1つ目のリストの長さの回数（8回）繰り返す
28      sleep(0.1)
29      for j in range(len(ID[i])):         jは2つ目のリストの長さの回数（8回）繰り返す
30          sleep(0.1)
31          billbord = ID[i][j]             billbordという変数にリストの値をID[i][j]として代入
32          mc.setBlock(x + j, y + i, z, block.WOOL.id, billbord)
```

1つ目のリストの中に2つ目のリストを8個入れる

ここでもインデントごとに1ブロック（かたまり）と判断するから忘れずにー

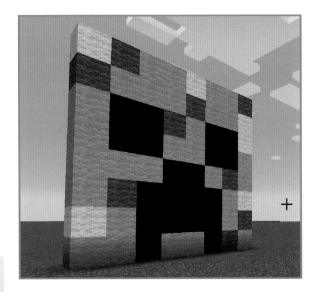

ジャン!!

クリーパーの大きなピクセルアートが出現しました。

ピクセルごとに異なる色を設置できていますね！

リストの値を ID[i][j] としたことで何が起きているか、下の図で説明しますね。

```
(0,0)  ID = [        X              (8,0)
  ❶      [ 5,   5, 15,   5,   5, 15, 13,  5],
  ❷      [ 0,   5, 15, 15, 15, 15,   5,13],
  ・      [ 5, 13, 15, 15, 15, 15,   5,  0],
  ・      [ 5,   5,   5, 15, 15,   5, 13,  5],
  ・      [ 5, 15, 15,   5,   5, 15, 15,  5],
Y ・      [ 5, 15, 15, 13,   5, 15, 15,  0],
  ・      [13,   5,   5,   5, 13,   5,   5,  0],
  ❽      [ 0, 13,   5,   5,   0,   5,   5,13],
(0,8)                              (8,8)
```

ID[i][j] は座標のyとxの役割を果たしています。
ただちょっと気を付けないといけないのは、
mc.setBlock(x + j, y + i, z, block.WOOL.id, billbord)
という書き方をしてる場合、上から書いたブロックは下から順に設置されることです。

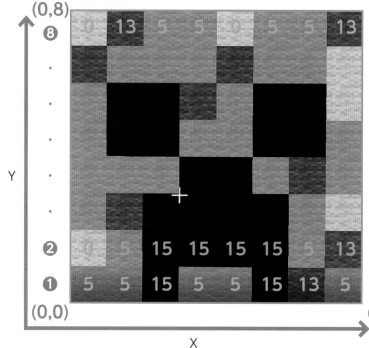

配置されたクリーパーの座標とリストのidの対応をみると左図のようになります。

プログラムを実行してブロックが設置される順番を見ながら対比してみると分かりやすいです。

内側のリストの❶が最初に1番下に設置されて、次に内側のリスト❷が設置されていきます。

この方法を使えば、ピクセルアートが自由自裁に作れちゃうね!

ミッションに挑戦しよう!

ミッション7　〜カラフルキューブを設置しよう〜

写真のようにブロックの色がランダムに選択された5×5×5の立方体を作ってみましょう。

mc.setBlocks()メソッドだと1列同じ色になってしまいそうだな。。

こたえ(例)

import mcpi.minecraft as minecraft
from time import sleep
from mcpi import block
import random
mc = minecraft.Minecraft.create()
player_pos = mc.player.getTilePos()
x = player_pos.x + 2
y = player_pos.y
z = player_pos.z - 5
ID= [0,1,2,3,4]
for i in range(len(ID)):
for j in range(len(ID)):
for k in range(len(ID)):
NO = random.choice(ID)
sleep(0.1)
mc.setBlock(x + j, y + i, z + k, block.STAINED_GLASS.id, NO)

P92で紹介したrandom.choice()メソッドを利用して、mc.setBlock()メソッドを3重の反復にすればできるね〜

ミッション8　～クリーパーの行列を画面とそろえよう～

下図のようにプログラムのコードの並びと、マイクラ画面に出てくるピクセルアートの座標が上下対応するように mc.setBlock() メソッドを工夫して書いてみましょう。

リスト

ID = [

```
(0,8)                              (8,8)
❽ ↑ [12, 12, 12, 12, 12, 12, 12,12],
·    [12, 12, 12, 12, 12, 12, 12,12],
·    [12,  1,  1,  1,  1,  1,  1,12],
·  Y [ 1,  1,  1,  1,  1,  1,  1, 1],
·    [ 1,  0, 11,  1,  1, 11,  0, 1],
·    [ 1,  1,  1, 14, 14,  1,  1, 1],
❷    [ 1,  1, 12,  1,  1, 12,  1, 1],
❶    [ 1,  1, 12, 12, 12, 12,  1, 1],
  → X
(0,0) ]                            (8,0)
```

マイクラ画面の座標

```
(0,8)                              (8,8)
❽ ↑
```

12	12	12	12	12	12	12	12
12	12	12	12	12	12	12	12
12	1	1	1	1	1	1	12
1	1	1	1	1	1	1	1
1	0	11	1	1	11	0	1
1	1	1	14	14	1	1	1
1	1	12	1	1	12	1	1
1	1	12	12	12	12	1	1

```
(0,0)            X                 (8,0)
```

上手くコードが組めれば、"あの"キャラが出現するよ♪

 こたえ(例)

| ID = [|
| [12, 12, 12, 12, 12, 12, 12, 12], |
| [12, 12, 12, 12, 12, 12, 12, 12], |
| [12, 1, 1, 1, 1, 1, 1, 12], |
| [1, 1, 1, 1, 1, 1, 1, 1], |
| [1, 0, 11, 1, 1, 11, 0, 1], |
| [1, 1, 1, 14, 14, 1, 1, 1], |
| [1, 1, 12, 1, 1, 12, 1, 1], |
| [1, 1, 12, 12, 12, 12, 1, 1] |
|] |
| for i in range(len(ID)): |
| 　sleep(0.1) |
| 　for j in range(len(ID[i])): |
| 　　sleep(0.1) |
| 　　billbord = ID[i][j] |
| 　　mc.setBlock(x + j, y -i +7, z, block.WOOL.id, billbord) |

ココがコツよ! y座標は「+7」から始めて、上段から下段に進むように変数を「-i」としたよ

レッドカーペット

ちょっと応用

for 文以外の反復を紹介するね

while 文って言うんだ。これも結構よく使うよ!

【付録6】をダウンロードして遊んでみよう

【付録6】while.py

http://idea-village.com/minecraft/
supplements/dl.php?while.py

反復の処理をする方法は for 文の他にもあります。歩けど歩けど付きまとうブロックで遊びながら仕組みを見てみましょう。

❶ 左の QR コードを読み込むか、URL にアクセスして「**while.py**」ファイルをダウンロードし、Python ファイルの保存先に保存

❷ コマンド画面から「/py while 」と入力して「Enter」をタップで実行

試しに歩いてみましょう。すると、足元のブロックが赤く染まります。

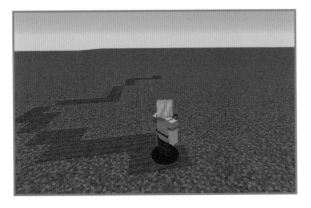

適当に蛇行して歩いても、このように足元にはレッドカーペットが敷かれます。

while文ってこんなものだよ

while文で反復を行う方法を紹介します。
コード内の「while True 」から想像できるように「真の間は処理を続ける」ときに用います。使い方を詳しく見てみましょう。

```
while True:
```

while True以下のインデントされた内容が繰り返し行われます。

```
player_pos = mc.player.getTilePos()
x = player_pos.x
y = player_pos.y-1
z = player_pos.z
mc.setBlock(x, y, z, block.WOOL.id, 14)
```

つどプレイヤーの座標を取得して、取得した座標にもとづいて羊毛ブロックid14(赤)を設置します。

while True:以下に特に条件が書かれていない場合は常に真(True)の状態とみなされるので、ひたすらプログラムが実行されます。そのため、歩いても歩いても足元にレッドカーペットが出現するというわけです。

while文は常に実行して欲しい処理を書くときに便利ね

whileを使う繰り返しの書き方

```
while True: ────────── 真(True)の間は
                        「:」で終わる
    ●●を行う ────────── 真の間繰り返し行う処理A(●●)
```

インデントされたひと固まりの処理はずっと繰り返し実行されるよ

無限ループを停止する方法

先ほどのコードのままでは、延々とプログラムが繰り返されるので、**強制的にプログラムを終了しない限り実行されます(無限ループ)**。そこで、while文は下のコードの様に時間で区切る、などを書き足しておくと良いでしょう。

```
import time
```

呪文にはまずこれを書き足しましょう。

```
start_time = time.time()
```

実行を開始した時間を変数「start_time」としました。

```
max_runtime = 120
```

実行時間を変数「max_runtime」として、120秒を代入しました。

```
while True:
```

while True以下のインデントされた内容が繰り返し行われます。

※以下のコードは1ブロックなので全てインデント(半角4スペース)します。

```
    current_time = time.time()
```

現在の時間を取得します。

```
    player_pos = mc.player.getTilePos()
    x = player_pos.x
    y = player_pos.y-1
    z = player_pos.z
    mc.setBlock(x, y, z, block.WOOL.id, 14)
```

つどプレイヤーの座標を取得して、取得した座標の下に羊毛ブロックid14(赤)を設置します。

```
    if current_time - start_time > max_runtime:
        break
```

もし実行時間に達したら(120秒を超えたら)、**プログラムを停止**します。

※breakはif文の内容なので更にインデント(半角8スペース)します。

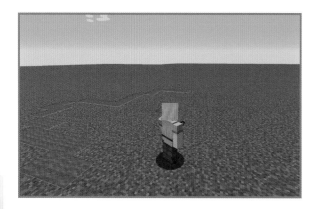

プログラムを実行して120秒を過ぎると、プレイヤーが歩いた場所にレッドカーペットは出現しなくなります。

「time.time()」は時刻を取得する関数なんだね

ここまでできちゃう!! オリジナルコマンド化 必須のスゴ技

プログラミングの勉強を頑張った皆さんに、スペシャルプレゼント！ お友達に自慢できること間違いなし♪ しかも、ちょっとアレンジすれば映え建築にも、サプライズイベントにも早変わり。ここまでのおさらいも楽しくできちゃいます。早速ダウンロードして遊んでみて下さい♪

便利すぎでしょ～!

◀ 100階建ても一瞬!! ▶

タワーマンション

◀ 斬新住宅 ▶

スティーブハウス&クリーパーハウス

◀ 気分アガる! ▶

TNT大爆発

こんな家見たことなーい

◀ どうなってる!? ▶

トランポリン

どれから遊ぼう♪♪

タワーマンション

100階建ても一瞬!!

http://idea-village.com/minecraft/
supplements/dl.php?building.py

ここからは特別付録!
マイクラでさらに楽しく
遊べるよ

友達に見せて
ビックリさせちゃ
おうっと〜♪

巨大タワマンが一発
で建ったーー!!

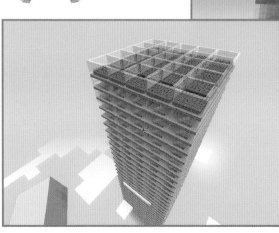

雲の上の屋上に
花壇がある〜♪

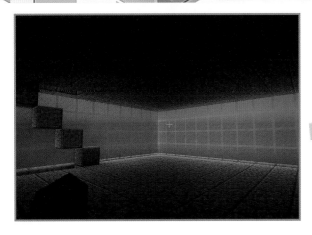

どの部屋にもちゃんと入れるね

私は角部屋にしようかしら♪

このマンション、ここまでの知識で建てられるよ

引数をお好みでアレンジすれば建物の種類は無限大!

例えば、、じゃーん、別荘が建てられちゃう

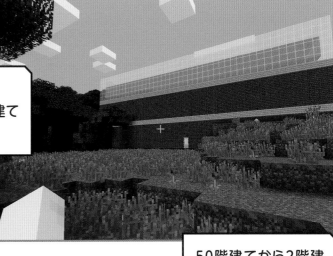

50階建てから2階建てにして、建築資材も変えるんだね

土ブロックの代わりに水ブロックにすれば屋上プールだ♪

斬新
住宅

スティーブハウス&
クリーパーハウス

スティーブの顔!?

これ家になってる
のよ。頭の後ろに
入口があるわ♪

おじゃましまーす

ネストを利用して、好きなブロックを配置した壁に仕立てたわけか

てことは、アレも作れちゃう?

もっちろん!コードをほんのちょっとアレンジで、じゃん!!

全方位クリーパー柄だぁ～

家の中ももちろん、、、顔の圧迫感スゴイな

二重の壁にすれば室内はメルヘンにだってできるわよ

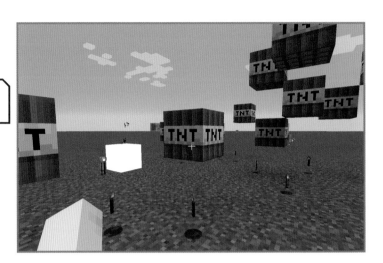

3、2, 1!

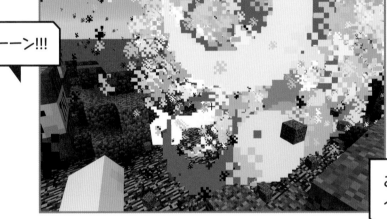

ドカーーーン!!!

新レシピ解禁！
レシピ本を確認しましょ

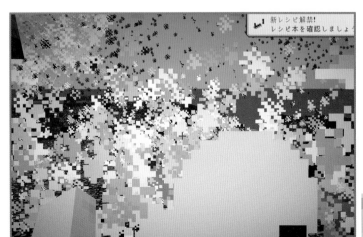

これはすごい
インパクト!!

TNTの隣にレッドス
トーントーチを配置す
ればできちゃう♪

どうなってる!? トランポリン

【付録10】trampoline.py

http://idea-village.com/minecraft/
supplements/dl.php?trampoline.py

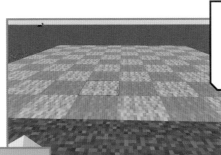

座標の勉強で使った
マットが出てくるよ。
上を歩いてみよう

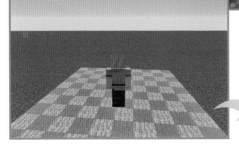

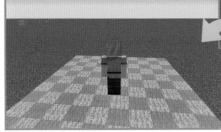

あわわわ。勝手にポヨ
ンポヨン飛んじゃう!!

マットを出るまで
跳ね続けたよ、
はービックリした

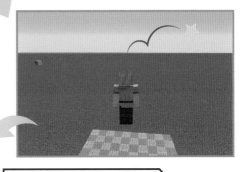

while文を応用して、
マットがあるときはプレ
イヤーの座標を空中に
移動、ってしただけよ

125

索引

【著者】 工学博士　山口由美

企業の知的財産部門で約10年務めたのち、学業の道に戻る。千葉大学大学院工学研究科博士後期課程修了。工学博士。千葉大学にて非常勤講師を務める傍ら本の執筆にも従事。子供向けの教育用書籍が得意ジャンル。小学生の女の子のお母さん。

インスタグラムにてプログラミングのコツやFAQを発信開始! 読者限定・フォロワー限定ボーナスコードも配布しています。本書の付録コードと組み合わせるとマイクラの世界に更なるスゴ技を繰り出せますよ♪

TAMAKICKS_GO

スタッフ

企画・制作：イデア・ビレッジ

図版協力／TAMAKI
キャライラスト・動作確認／みどりみず
Super Special Thanks／福岡秀樹・ヴァビー

本文デザイン・DTP／小谷田一美

13歳からのプログラミング入門
マインクラフト&Pythonでやさしく学べる！

2024年 4月30日　第1版・第1刷発行
2024年 11月20日　第1版・第2刷発行

著　者　　山口　由美　（やまぐち　ゆみ）
発行者　　株式会社メイツユニバーサルコンテンツ
　　　　　代表者　大羽　孝志
　　　　　〒102-0093東京都千代田区平河町一丁目1-8
印　刷　　シナノ印刷株式会社

◎『メイツ出版』は当社の商標です。

©イデア・ビレッジ,2024.ISBN978-4-7804-2894-0 C3055 Printed in Japan.

ご意見・ご感想はホームページから承っております。
ウェブサイト　https://www.mates-publishing.co.jp/

企画担当：堀明研斗